1%の努力

精准突破

成就自我的7个关键心法

（日）西村博之◎著
屈秭◎译

化学工业出版社
·北京·

北京市版权局著作权合同登记号：01-2021-1268

图书在版编目（CIP）数据

精准突破：成就自我的 7 个关键心法 /（日）西村博之著；屈稀译. —北京：化学工业出版社，2021.9
ISBN 978-7-122-39368-5

Ⅰ. ①精… Ⅱ. ①西… ②屈… Ⅲ. ①成功心理－通俗读物 Ⅳ. ①B848.4-49

中国版本图书馆 CIP 数据核字（2021）第 120032 号

责任编辑：郑叶琳　张焕强　　装帧设计：韩　飞
责任校对：王　静

出版发行：化学工业出版社（北京市东城区青年湖南街 13 号　邮政编码 100011）
印　　装：三河市双峰印刷装订有限公司
880mm × 1230mm　1/32　印张 8½　字数 118 千字　2021 年 11 月北京第 1 版第 1 次印刷

购书咨询：010-64518888　　售后服务：010-64518899
网　　址：http://www.cip.com.cn
凡购买本书，如有缺损质量问题，本社销售中心负责调换。

定　　价：55.00 元　

为什么你的努力徒劳无功

对于那些心里认为“努力最重要”的人，我特别想让他们试着做做下面这样的事情。

把手机和钱包都扔在家里，尝试一下“单枪匹马”地出门的滋味。

而且，要保持这种状态在外面过上一个星期。

条件是绝不可以依赖家人的帮助。

一个星期以后，能否做到衣服依然干干净净、肚子也不会饿得饥肠辘辘，就如同什么事儿也没发生过似的回到家里呢?

如果上面这些你都能做到，那就完全没有阅读此书的必要。

这本书要讲的是如何过所谓的“不走寻常路”的人生。

脱离固定的人生路线，赤手空拳地活下去。

当你借宿在朋友家时，你有没有考虑过自己会做的事有哪些？

当你露宿在公园的长椅时，你有没有考虑过自己想要做什么？

当你食不果腹时，你最先想到的解决方法是什么？

你该去见谁、去哪儿，才能让自己过上正常的生活？

所有那些在你脑子里闪现的念头，其实就是你这个人所拥有的“生存的力量”。

观察蚁巢的时候，你会发现蚂蚁们大多分为两类。

“干活儿的”和“不干活儿的”。

干活儿的蚂蚁拼命地干着自己分内的事。打扫蚁巢、选择蚁食、任劳任怨。

而不干活儿的蚂蚁，成天一副无事可做、心神不宁的模样，它们偶尔也会出门溜达一圈。

不干活儿的蚂蚁看起来是在偷懒，却也会有发现“巨无霸美食”的时候。

每当这种时候，它们会先回到蚁巢报告自己的发现，再由其他负责干活儿的蚂蚁去把美食运回来。

我们都可以试试当“不干活儿的蚂蚁”。

像不干活儿的蚂蚁那样，一旦生活不受时间和金钱的束缚，你也会有碰到机会的时候。

问题就在于你是否具备“偷懒的才能”。

如果你一个小时就干完本应花两个小时才能干完的事情，那么你就能节省出一个小时的时间。你还应该更进一步地琢磨一下有没有只用 30 分钟就把这件事情干完的可能性。

在本书中，我想用“7 个心法”来检验你是否有“偷懒的才能”，并帮助你把你所具备的这种“才能”加以打磨。

目的只有一个。

就是为了增加人活一辈子能感受到的“幸福的总量”。

天才靠的是“1% 的灵感”，普通人则付出“99% 的努力”。

处于天才和普通人之间的我，通过“1% 的努力”收获了最大的成果。

在日本的就业冰河期[1]，我没去找工作，几乎一天到晚都泡在因特网上。

2ch 论坛，是我模仿其他网络公告栏的优点弄出来的。

建立线上影片分享的 Niconico 动画网站，也是多玩国公司[2]职员给出的点子。

努力去把“不努力”坚持做到极致，现在的我，在巴黎享受着我接下来的人生。

我想把我这些年来无数次脱离人生的预定轨道时对

---

❶ 指的是 20 世纪 90 年代后期至 21 世纪初，一般来说，在日本，2000 年前后从学校毕业走向社会的那一代人被称为“就业冰河期世代”。——译者注

❷ Dwango，日本 IT 科技企业，是 Niconico 动画网站的母公司。——译者注

“如何生存、如何思考”的想法毫不吝惜地分享给本书的读者。

人真正需要的，并不是时间和金钱，而是“思考”。

多花些工夫，改变自己惯常的做法，努力寻求多一点的空闲时间，去找到自己内心真正想要做的事。

也就是说，用自己的大脑去思考是非常重要的。

所以，别把日程安排得太紧，得给自己留出一些空白。

别让两只手都抓得满满当当，要记得腾出一只手来。

那些心里想着“只要努力就能实现目标”的人，实在是过于天真。

他们光想着通过努力去达成目标，是不会去改变“做事情的方法”的。

那么，怎样才能改变“做事情的方法”呢？

我会通过本书向你传授一些实现精准突破、成就自我的“关键心法”。

目录

序章

用精准努力，实现自我突破

对爱迪生名言的误解

发明家爱迪生有一句非常有名的话，大意是说“成功需要 99% 的努力和 1% 的灵感”。

对于这句话中隐含的真正含义，人们都没有理解对。

他其实说的是“如果没有 1% 的灵感出现，那么就算有 99% 的努力也是白搭”这样一句非常现实的话。不过，即便如此，这句话仍然以“只要努力就有成功的可能”的含义被传播开来。

在发明创造的领域里，灵感是非常重要的。

“我想做一个闪闪发光的球体一样的东西。”

先得在脑子里有这样的念头，才会去找竹子啊金属啊之类的材料来做试验。在反复尝试反复失败的过程当中，认真努力的付出就变得重要起来了。

然而，如果没有灵机一动的念头，那么就算再怎么坚持不懈地努力，也全是白费工夫。那些让人听起来振奋不已的名言流传开去，只会使没找到灵感却还拼命努力的不幸的人越来越多。这可不是什么好事儿。

因为有了这样的想法，所以我决定来写这本书。

从人生的目标开始谈起

坦白地说，我认为人生不存在什么所谓的“生存的意义”。

就跟虫子和细菌这些谈不上什么生存意义的生命一样，地球上所有生物的存在，其实都只不过是作为地球热循环系统中的一分子在完成自己的机能罢了。

按照这个思路，自然就会想到**“那就该尽可能地轻松快活地过一辈子啊”**。

我们只要把增加自己一生的幸福总量设定为目标就好了。

有一样东西能够教我们如何做得更好，那就是“书”。

看完一本好书的时候，你会在心里觉得自己读了一本好书。不过随着时间流逝，书中所讲的内容就会被淡忘。即便你还记得一些，也只不过是一些零零碎碎、模棱两可的梗概了吧。

如果有人问我有没有什么好书推荐，我会毫不犹豫地推荐草思社出版的《枪炮、病菌与钢铁》一书。

这本书针对“欧洲和美国的白人为何征服了世界”这个问题，一边给出证据，一边做出了解答。“从欧洲一直延伸至亚洲的欧亚大陆，这一地理优势使得欧洲人夺得了霸权”是这本书给出的结论。

并不是因为欧洲出了爱迪生、爱因斯坦这样的天才，才使其获得了霸权的地位，而是因为欧亚大陆东西延伸，盛产小麦、稻米、薯类、玉米等多种谷物，也养育了牛羊马等多个品种的家畜。欧洲跟其他区域由此逐步拉开了差距，实现了南美以及非洲大陆所无法企及的技术与文化的发展。

这本书让我悟出了一个道理，那就是："人类自身的努力，其实并没有什么意义。"

人类再怎么努力，也没办法改变地理的形态。

所以我的生存之道，是从这个结论出发去逆向思考而决定的。

哪些东西"能够被改变"

各种各样的数据都显示"环境影响人的社会地位"。

不光是环境的影响，遗传因子也会起作用。

有一种说法是学习成绩的好坏，父母的遗传占 60% 的比重。

拿演艺圈的职业来说，容貌与体型是非常重要的因素。这些也都受到遗传因子的影响。

在有一定素养的基础之上，一般人通过努力也能实现"想要瘦出个好身材"之类的目标，不过如果没有做演员的天分，就算再努力也没有用。

尤其是音乐方面的才能，据说 90% 的天分都是由遗传因子决定的。即便有人打定主意"想走音乐这条路"，能否走得下去也还是取决于遗传因子的影响。

虽然努力可以改变结果也是一种事实，但如果在人生的起跑线上就已经存在非常悬殊的差距，那么试图通过努力来弥补这个差距也是相当困难的事。

在明白了这些残酷的现实以后，我们就必须得来想一想**“自己能改变的部分是什么”**了。

赚到1.5亿日元的公司前台

2000年左右，日本迎来了IT泡沫经济时期。

当时碰巧在IT企业就职的人都分到了自己所在公司的股票。他们和平常人一样，虽然只是在公司里循规蹈矩地上班，却因为持有自家公司的股票而获得了巨额的收入。即便说他们是值得公司付出1亿日元酬劳的优秀人才，他们也绝没有付出和1亿日元相匹配的努力。只能说赶上好的时机，又正好处在对的行业，两点吻合非常重要。

谷歌公司收购YouTube网站时，当时有一位在前台工作的女员工拿到了1.5亿日元的股票收益。这件事情在当时成了热门话题。世上还真的是有天上掉馅饼的机会啊。

那些能获得“先行者利益”的，都是凭借自己的感觉率先采取行动的人。

“老待在这个地方可不行。”

“去那个地方干一干应该不错！”

当脑子里出现这样的念头时，要能够做到有条理地进行思考并适时地调整自己的位置。这一点会起到决定性的作用。只不过要做到这一点可不简单。

你的头脑僵化了吗

在你随机应变地考虑问题时，那些陈旧的社会常识恐怕也会跳出来干扰你的想法。

比方说，如果你跟父母说“我找到在银行的工作了”，他们一定觉得“这可是能端一辈子的金饭碗啊”。

不过，根据金融厅的调研，日本地方银行的收益年年下降，连续五年都亏损的银行也逐渐多了起来。

在银行业内部，毫无疑问当然是实力不济的银行会先倒闭。

不管银行的工作在社会上有多吃香，不管你是不是优秀的、勤勤恳恳的人，日本全国银行的数量会越来越少这个趋势是不可逆转的。

既然如此，那还不如跳槽到风头正劲的其他行业吧。

重要的是，自己对外界变化有怎样的认识。

现如今，年轻人理所当然都用网络银行，但凡有ATM的地方就能取钱，所以就算家附近没有银行网点，也没人会觉得有多不方便。

相反，对年纪大的人来说，他们不会网络银行的操作，想要汇款就得去银行窗口办理，所以家附近有银行的营业网点就变得非常有必要。

想象一下10年以后，设有很多营业网点的银行，和具备丰富功能网络银行服务并且在便利店里设置了ATM的银行，这两者哪一个会发展得更好呢？

这个问题的回答自然是不言而喻的，但那些抱有陈旧观点的老年人还是会答错。因为他们没办法改变自己惯有的思维模式。

年轻人还有几十年的人生要走，却被跟不上时代的老年人的想法左右而变得故步自封的话，吃亏的是年轻人啊。

甩开陈旧观点的束缚，那些东西真的不再重要。

什么样的地方能让人就算不付出努力也能做出成果呢？若是不做好对当前的时代信息和各种知识的储备，不能据此做出英明的判断，那么谁也回答不了这个问题。

做独立思考的那个人

我出生于 1976 年，是被称作日本“就业冰河期”的一代人。

我想我们这一代人的特点是都能够**“用自己的大脑去进行独立思考”**。

我们的上一代人，是处于“泡沫经济”中的一代，他们都感叹自己赶上了好时代，找到了终身雇佣的工作，一辈子守着公司这个靠山。

他们那一代人现如今正经历着由于被要求提前退休而导致的裁员浪潮。我们这一代人因为没有赶上好时代，什么事情都得自己筹划，倒也因祸得福地锻炼了自己。说起来虽然有些冷嘲热讽的意思，不过不好的环境确实也有能够锻炼人的一面，时代的负面因素也能给人带来机遇。

如果我们看一看数据，就会发现跟上一代的昭和时代[1]相比，平成时代[2]不论是杀人案件的数量，还是被饿死的人数都要少得多。若论幸福总量的多少，平成时代肯定赢。

当人生的多种选择摆在自己面前时，用什么样的标准去进行判断，这一点会因人而异。

人的心里存在着一个“判断坐标”，这个坐标显示出自己是如何对事物是进行考量的。

针对这一点，我觉得我有很多自己的经验教训可以跟读者们分享。

让自己养成这样的习惯：尽可能地把目光放得长远，面对选择时“选更好的那一个”。我把最基本的认知写了出来，就是读者们现在正在读的这本书。

抛开那些徒有其表的漂亮话

有一位成功人士曾经很直截了当地说过这样一句话：“大家都加油啊！只有努力了才能幸福，不努力的

❶ 昭和时代指 1926 年 12 月 25 日至 1989 年 1 月 7 日。——译者注
❷ 平成时代指 1989 年 1 月 8 日至 2019 年 4 月 30 日。——译者注

人得不到幸福。”

不过，即便是人人都努力，也不可能个个都大显身手，赚个盆满钵满。在努力之外，还得看个人能力的大小。能力和努力相辅相成，才会有结果。因此，没有能力的人再努力也是白费工夫。

世人都喜欢听逆袭成功的励志故事。故事里的人不管有多难都咬着牙坚持到底，最后获得了成功。谁都喜欢这样的美好结局。

不过，现实却并非如此。

不会因为买了贵的钱包，你就能变成有钱人。这句话反过来说才成立。因为有钱人才用得起昂贵的钱包。

如果像这样把因果关系理解错了，就得不到幸福。

偶尔就会有那种明明自己有能力却不努力的人。

另一方面也有一些人在看清自己的“生长环境”和“遗传因子”的现实之后，坦然接受自己能力不及的地方，他们只是对自身思考问题的方法稍微做了一些改变，就获得了幸福。

对于这样的一些人，我想抛开徒有其表的漂亮话，去给他们一些切实的建议。这个过程就如同去改变一艘大船的行进方向，得一点一点地慢慢转动船舵才行。

我将在这本书里跟读者们分享七个心法。

这七个心法分别讲的是“前提条件、优先顺序、需求和价值、定位、努力、类型和接下来的人生”。

对于每一个话题，我都会给它们列出一些重要的“判断坐标”。

很多有关经济类的图书通常会在重要的地方标注粗体字；不过仔细读来，却发现好多不重要的地方也被加黑加粗了。

不过，在我写的这本书里，**但凡用了黑体字就绝对是真正重要的地方。**

基于以上种种，我尽最大的可能把自己能写的部分写了出来，剩下的部分我花了两年的时间去跟编辑沟通了我的想法。我自认为尽了“1% 的努力”，而其余的 99% 的努力都是由编辑此书的种冈先生来完成的。

好吧，那我就开始讲故事了。

心法一

接受差异，人生才能受益

——关于前提条件

1976年，我出生在日本的神奈川县。我很小的时候我们家就搬到东京都北区一个叫赤羽的地方，我在那里长大成人。从读小学的时候开始，我就用一种叫“MSX”的个人电脑自己玩程序设计。

当时有一部以悲剧结尾、名字叫作《海神号历险记》的电影对我影响很大。自那以后，我就喜欢上了不按常规出牌、不走寻常路的人生。

“没钱也能活下去。”

“不上班也无所谓。”

这样的想法开始在我的思想深处生根发芽。我想，这些想法跟世间的常识应该是背道而驰的吧。

家庭环境会对思考问题的方式产生影响。我就从这个话题开始谈起。

别让“立蛋器”成为你的心锚

成年以后，我曾经受到文化差异给我带来的冲击。

我就闲话少说，直接问读者们一个问题。

“你家里有没有立蛋器？”

大家会怎么回答？顺便提一句，立蛋器就是一种在餐桌上专门用来放熟鸡蛋的物件儿。

“立蛋器这种小东西，你家里有吧？”

“立蛋器是个什么玩意儿啊？我没见过。”

大家的反应大抵分为这样两种。

我先来说说我的看法。

光为了放鸡蛋而设计一种食器，大家不觉得这事儿很可笑吗？碗啊盘子啊什么的，都可以用来放鸡蛋吧。但凡是个普普通通的小盘子，不光是能放鸡蛋，别的东西也都能放。相反，立蛋器倒是只能用来放鸡蛋。

家里有立蛋器，说明这个家庭有富余的钱来买

“专用食器”。而且居然还会有人摆出一副司空见惯的神情说这事儿，我听了可是吃了一惊。

因为知道了立蛋器的存在，所以去日用品商店的时候特意找了找，发现果然有卖的。自己以前从来都没留意过的东西，就这样鲜明地突然出现在眼前。

我为什么要跟读者们谈立蛋器这个话题呢？因为我认为，当有可拿来做比较的对象出现的时候，人们看待这种事物的态度会让自己的人生发生很大的变化。

“啊，我们家连立蛋器都没有，真令人害臊啊。”

大概有一定数量的人会这么想吧。

我在这里谈到的“立蛋器”，充其量不过是个例子罢了。

“幼儿园要毕业的时候，我参加过私立小学的入学考试。”

“去海外的时候我一定坐头等舱。”

“我家的院子大到踢足球也没问题。”

一旦踏入社会，或是应用起各类网络社交软件，跟别人做比较的机会就会随之增多，尤其是去东京上大学、去大城市参加工作、结婚之类的人生大事。如果这些事情改变了你周围的人际关系，你就得去面对这一类问题。

一个人只要活着，就免不了常常被拿来跟人做比较。

不过，事实却是，只有不跟别人比较的人才会活得幸福。

这样想来，每个人都有必要将“自己选择的生活方式”作为自己的判断坐标来好好地把握。

当你羡慕旁人的时候，我希望你想起下面这句话并回归自己的本心。

“立蛋器这玩意儿，我并不需要啊。”

这样一来，你便能够对人生中大大小小的事情都进行自我反思，心情会立马变得轻松起来。

小孩子上私立学校＝立蛋器

头等舱＝立蛋器

带大院子的房子＝立蛋器

……

像这样把做比较的对象，拿来跟“立蛋器”互换即可。对于那些因为自己家有立蛋器，就认为谁家都该有个立蛋器的家伙，我们完全没必要产生比他们低人一等的感觉。

世界上有一个叫作不丹的国家。

不丹一直以来都是一个非常贫穷的国度，人民以农业为生，日子过得非常清贫，不过国民幸福指数却很高。

随着经济的发展，不丹人也看上了电视，并从电视里接触到了“借钱”这个概念。很多人因为没有受过正规的学校教育，所以对借钱买东西这种事情没有任何抵御能力。借钱购物的最终结果就是自己还不起钱并最终负债累累，国民幸福指数也由此大大降低。

如果自身不具备思考的能力，那么一旦被人往脑子里灌输一大堆信息，就有被人利用的可能。

若是不丹的人民没有从外界得到那些他们自身消化不了的信息，不丹应该仍然是个幸福的国家。信息有时候也会给人带来不幸吧。

理解有差异，在于不一样的经历

我是在东京都的北部长大的，这个地方跟埼玉县相邻，叫作北区赤羽。街上有很多便宜的居酒屋，是个以“花一千日元就能让人喝个够”而远近闻名的区域。

住在首都圈以外的人，也许会把这里跟东京混为一谈，想象中以为是“大都市”“有品位”“有钱”，不过真实情况跟这些想象都搭不上关系。

这里有很多人一大清早就跑到商店街里去喝酒。住在这里的人对此司空见惯，对他们也都抱着宽容的态度。这是一个属于老百姓的地方，我小时候就是在这里度过的。

之所以我在这里跟读者们说这些，是有原因的。

在参加电视节目或一些活动的时候，我经常会被邀请发表一些自己的观点。对于我在这些场合说的话，偶尔会收到下面这样的意见，或是在网上有人发表诸如此类的评论。

“这个人挺奇怪的，说的都是一些莫名其妙的话。”

虽然被人这样看待，我也并不会特意做什么去改变对方对我的看法。不过，我倒是觉得，对于那些由于前提条件和知识储备的不同而造成的“理解上的差异”，最好还是要消除掉。

因为这样做，能让人获得新的知识和信息。

前提不一样，那么接受事物的方式也会因此而不同。

打个比方，假设我说：“一个月有五万日元就能过日子。剩下的钱都存起来。”

“哦，原来是这么回事儿，我明白了！”

有的人会坦率地接受这个建议并且这样去做。

“呀，你做得到，我可不行！”

有的人会条件反射般地反对我说的话。

这些不同的反应是由于每个人考虑问题的**“前提条件”**不一样而产生的。这一点是本章重要的观点。

我一直认为人在年轻的时候应该尽可能地让自己多一些对贫困的体验。

为什么这么说呢？因为在遇到减薪或裁员的时候，你会自然而然地凭感觉去调低自己的生活标准。

这种“感觉”是非常重要的。

“理论上明白”和“自然而然地感觉到”，虽然看起来很相似，却是完全不同的两个概念。

那么，它们的不同之处在哪里呢？

“不管是谁，只要肯向人低头，都能讨到一日元。日本有一亿人口，如果从每个人那儿都讨到一日元，就能得到一亿日元了。”

这句话从理论上来说是正确的。不过，感觉上却是不可能实现的。

还有很多这一类的其他例子。

当新商品或者新服务问世的时候，也许你也有过“跟我想的完全一样，真可惜我自己没去做！”的念头吧。

不过，脑子里明白，跟实际去操作完全是两回事。就如同一边观战棒球赛，一边在自己的大脑里打出本垒打，这种事儿谁都能做到。

我们再回到刚才的话题。

“一个月有五万日元就能过日子。”

听到这句话，那些能想起学生时代或者刚参加工作那会儿兜里没钱的日子，从感觉上能体会“那时候虽说穷，不过想些办法也熬过来了”的人，会从心里表示理解。

相反，那些从小就衣食无忧，长大了也还住在父母家，把全部工资都花在自己身上的人，大概确实是理解不了。

他们会觉得“说这话的人考虑问题的想法太不一样了吧”。

诸如此类的一些微不足道的意识上的差异，就有可能导致自己拒人以千里之外。

那么该如何去跨越这些意识上的差异呢？

让我们这样去考虑问题：

“我跟对方考虑问题的前提应该是不一样的吧？”

如果出现了跟自己有不同想法的人，我希望你能在脑子里想起我说的这句话。这样做，能够帮助你把偏见变成一个接触新事物的机会。

具备能够欣赏差异性的思维方式，懂得享受当下，一定会让你在长长的人生里有所受益。

说到这里，进入主题前的准备工作就算是铺垫好了。

我为什么会认为“不工作也没关系”呢？

接下来就让我谈谈形成这种想法的背景。

说起北区赤羽这个地方，有这么一个故事。

演员山田孝之主演过一部名为《东京都北区赤羽》的纪录片，是根据艺人坛蜜的丈夫，也就是画家清野彻先生的作品翻拍的。

这部片子以赤羽作为舞台，里面有很多在普通人看来言行举止都奇奇怪怪的人物。

纪录片讲的是有段时间山田先生感觉到身心疲惫，正好这时候他看到了清野先生画的漫画，他立马觉得“赤羽这地方才是能治愈我的良药”，于是决定要搬家到赤羽去。

他去了赤羽的工商业协会，并跟那里的人说：“我打算在赤羽住下来”。

没想到协会的会长一口回绝，说：“我劝你还是放弃这个主意。”

照说像山田先生这样有名的演员自己提出来要搬到赤羽住，这原本是个谁都会高兴得立马答应的事儿，没想到却是这么个回答。

赤羽就是这种“范儿”的地方吧。

我小学的同学中，有 90% 的人都住在集体公寓里，主要集中在“桐丘集体公寓”那一带。剩下 10% 的人，住的是一户建[1]的房子，这一类人极少。

因此，打小我就认为住集体公寓这事儿是再平常不过的了。

反倒是对那些住一户建的人，心里一直有个疑问：他们怎么清洗自家房子的外墙啊？我完全不能理解拥有这么大一个财产会是一种什么感觉。不能理解的原因也很简单，因为这实在超出了我的理解能力。

拥有某个东西，也意味着拥有之后还得承担维护它的义务。这么一想，就觉得啥也没有，才能生活得更自在吧。

这跟我们前面谈到的立蛋器是一回事儿。

“专门放鸡蛋的立蛋器”——判断一个家庭的财政状况是否宽裕，说到底也不过就是差在这一点上吧。

---

[1] 指的是自家专用的独院住宅。——译者注

只要付得起集体公寓楼的房租，人们就能一直在那里住下去。我感觉集体公寓就好比买回来就能吃的方便面一样，利用起来非常方便。

当时，2 室 1 厅的房子只要差不多 2 万日元的月租。在 JR[1] 赤羽电车站的附近，能住上租金这么便宜的房子，真的是很难得了。

不过，我说的这个房子，准确地来说，是位于桐丘集体公寓楼旁边的“国税局宿舍”。从楼房的构造上来看，和普通集体公寓楼没什么两样，但只有在国税局工作的员工才能住在那儿。

因为是国税局的员工宿舍，所以如果员工去世了，他的家人就不能接着住了，一年之内得从宿舍搬出去。现在想起来，这条规定可真没有人情味儿。

在付租金就能住的桐丘集体公寓楼和国税局宿舍之外，这一带还有另外一栋分户出售的公寓楼。

如今看来，当年那些能住在分户出售的公寓楼里的人大多都是有钱人吧。

---

[1] 日本铁道公司集团的缩写。——译者注

对一辈子都住在儿童房的大叔，不要惊呼

现在的网络上有一个流行的俗语，叫作“住在儿童房的大叔”。

说的是那些20岁成年以后，却依然赖在父母家，住在自己从小到大生活的房间里，用着自己打小就用的书桌和床，就这么生活到30岁、40岁、50岁……，还一直单身没结婚的那些男人们。

随着日本社会晚婚化和老龄化现象的日益加剧，一辈子都住在儿童房的大叔们也越来越多了。

乍一看这种新词汇，读者们会觉得这种人是从哪里冷不丁冒出来的新新人类吧。就好像草食系男子、“毒亲”家长、宅人族、升不了职却倚老卖老的下属这些“人种”一样。

不过，这些人可并不是从哪里突然冒出来的。

而是“从很久很久以前就一直存在着”。

“啃老族”这个词，是从2004年左右才开始出现的。不过在2004年之前，社会上就已经有了啃老族，江户时代曾经有过，在原始社会里也肯定出现过。

当社会上突然冒出个新词，而且这个新词所代表

的群体还遭到批评和谴责的时候，我们就不妨这样去考虑。

“这类人其实自古就存在。”

万幸的是，住在桐丘集体公寓楼里，靠政府的生活补助过日子的成年人远不止一个。

住儿童房的大叔啊、啃老族啊、抑郁症患者啊，我的身边也一直都有这样的人。

所以，那些不出门工作的大人们的状况，在我看来是再平常不过了。

离婚也是如此。

当时我有一个经常在一起玩儿的好朋友。

他家里父母都在，不过，却是办了离婚手续的。

住在集体公寓里的人，如果父母双方都工作，家庭收入增多的话，那么房租也就会相应地贵一些。

为了逃避房租涨价，通过办理离婚手续变成单亲家庭以后，房租就不会涨起来了。

像这样为了便宜的房租而假离婚的家庭，在集体公寓楼里非常普遍。

因此，说起哪家父母离婚了，没有人会觉得惊讶。小孩子们的心里都知道是怎么回事儿。

正因为身边有过很多这种“战略离婚”的人，所以我觉得法律文书上的夫妻关系，在生存问题面前，不过就是“一张纸”吧。

人应该坚守的底线是什么

有一些家庭会觉得自己家的孩子成年了还赖在父母家住着，是件很不光彩的事。

在桐丘集体公寓楼里，有很多这样成年了却还赖在父母家的大人。我经常看见周围的人担心他们，念叨着“那家的儿子成天都在干什么呢？”或是“看他大白天四处闲逛，没什么问题吧？”

不过，周围的人念叨的时候看起来并没有恶意。家长们也没有特意把这些事情隐瞒起来，不让外人知道。

在这里需要坚守的所谓面子上的底线，倒是出乎寻常的低。

那时候的人们，出门也不会锁门。

偷东西的人原本也不会来光顾这个尽是些穷人的集体公寓楼。因为知道住这儿的人家里都没什么值钱的东西，所以也不存在互相之间你争我夺的事儿。

人一旦拥有了物质或金钱，都会想要去守住自己的财富。

对于地位、尊严这些肉眼看不见的东西也是如此。人们在不知不觉中，都设定了自己需要坚守的底线。

不过，若是把这个底线的标准定得高，那就必须想方设法才能保持住这个标准，而这些都需要付出成本。

住在桐丘的人们，都把这个底线设定得很低，他们没什么非把守不可的东西，轻轻松松地过着日子。

因为即便是生活窘迫到要依靠政府救济金的接济，也能一直住在这里。所以公寓楼里有很多想工作就去工作，不想工作就靠救济金勉强度日的人。

不论哪种方式，他们的生活都没有什么变化。

所以说这还真是个让人挑不出什么毛病的社会体系。

集体公寓楼里住着很多小孩子，大家都是一样穷，一样有着大把的空闲时间。

感觉就好像是这个区域的人在一起共同抚养孩子。

别人家的孩子大家也都认识，所以在朋友家吃饭、借宿都是常有的事儿。

那时候就已经有了现如今“共享房屋”模式当中提倡的“住在一起的人要互相扶持”的理念。

在经历了各种人生历练之后再回过头来看，我开始觉得当年穷得叮当响的集体公寓楼倒真是个适合生活的地方。

不过，我并不是想说“如果能回到过去就好了”。

我认为在类似“生命共同体”的环境当中，能让人们互相之间不争不抢、心安理得地过日子的“互相扶持”才是重要的。

长大后跟住在其他地方的人聊天以后我才明白，那些自认为理所当然的事情并非真的就是理所当然。换句话说，如果你尝试着在别的地方生活，那就会看到和以往不一样的标准。

基于以上这些原因，我对“活着就非工作不可”这种观念实在没什么感觉。

除了上面说的这些以外，还有另外一个原因。

我父亲是税务局的员工，也就是说他是一名公务员。

公务员都不像生意人那样，有要挣钱的想法。我不清楚父亲在单位里具体做什么工作，他在家里也从不谈工作上的事。

“今天有个非常重要的项目。”

“今天公司赚了 1000 万日元。”

若是从小耳濡目染的都是这样的话，也许我会养成更热衷于工作的性格。

我的父母对我却是完全地自由放任。

记得高三那年，有一次我跟朋友喝酒以后骑自行车回家，被警察带到了派出所。警察把我父亲叫过来，我的印象里他就一直在那儿嘿嘿嘿地傻笑。

大概父亲是因为知道我并没闯什么大祸，也没有给谁添什么麻烦，才这样的吧。

要是我从小接受的是“干了坏事儿父母会生气”这样的教育，也许我还能长成一个稍微“更懂社会”的成年人。不过我没有被这样教育过。

我会在后面的章节里更加详细深入地谈论有关教育和生长环境的话题。在这一章里，就仅仅针对“前提条件”进行展开。

据说在我那些住在集体公寓楼里的朋友当中，有一个成了黑帮分子，有一个加入了右翼组织。听到这些事情，我自己倒是能理解。不过跟周围的人说起来，人们的反应大多分为两种。

要么觉得“这事儿可不妙”，要么觉得“天下之大，这种事儿也有可能吧”。

人不同，对“不妙”的判断标准也会不同。

被上司批评了会不妙，丢了工作会不妙，欠了一身债会不妙，没有了家也会不妙。

或者也会有人像我一样，认为上面这些事情都没什么大不了的。

也许我们每个人都最好在心里把自己认为“不妙”的底线想清楚。

“我自己遇到什么情况会感觉形势不妙了呢？”

听说我小学的一个朋友，有一天收到了放高利贷的人催他还钱的信件。

他本人完全不记得自己什么时候借过高利贷。经过调查之后发现，原来是他的弟弟偷着拿了他的驾照，并以他的名义找高利贷借了钱。

“如果不还钱，就把你弟弟揪到警察局去。你看怎么办吧？”

放高利贷的人拿这话来胁迫他，当哥哥的没有别的办法，只好代弟弟把钱给还了。

类似这种事情在我身边可是太多了。

不过，社会上也有一些人仅仅因为没考上大学就感觉“人生完蛋了”。

像这样把“不妙”的底线定得高高的，应该会很难生活下去吧。

我周围的人大多都是在集体公寓楼里长大的，其中只有少数人念了大学，也从没看见过没上大学的人谁会因为混不到一口饭吃而饿死。就算是那些觉得“自己活在最底层，人生完蛋了”的悲观颓废的人，一旦发现身边居然还有人比自己混得更差，他也就不再感到绝望了。

读者们应该去看一看那些被称作社会最底层的人们生活的地方。

趁年轻的时候，去贫穷的国家看一看，这会是个不错的人生体验。

如果实在去不了，从书和电影中多一些了解也是好的。比起培养一些商务技能，这些经历和体验会对你更有帮助。

美国和墨西哥交界的边境地带，是很有名的危险地区。

我念大学的时候，去墨西哥一个叫蒂华纳[1]的城市旅行过。众所周知，那是世界上最危险的一个地方。

另外，有一部叫作《绝命毒师》的海外电视剧给我留下了深刻的印象。故事背景发生在美国和墨西哥的边境线一带，这里被描述成是黑手党的根据地，剧中的男主角一步步发展成了贩卖毒品的巨头。电视剧里的这个城市，在美国境内的部分叫作厄尔巴索，在墨西哥境内的部分叫作胡亚雷斯城。我也曾经去这个地方旅行过。

有人跟我说那儿“治安不好”，我倒是感觉那里应该是个非常有趣的地方。

越过美国的国境线之后进入了墨西哥境内，街

[1] 墨西哥西北边境城市，北部临近美国。——译者注

道上冷冷清清，虽然有个看起来好像是集市的地方，一百家店铺里却差不多只有五家在开着门营业，街道破落得形同废墟。

我心里想“这个小城真是毫无生气啊”。于是又回到国境线的另一边，结果发现这边有条商店街。这里人们的生活和别处并无二致，街上还开着很有情调的咖啡馆。

在那里我高高兴兴地吃了比萨饼，还试着点了一份墨西哥玉米卷，吃起来确实非常美味。

我想，对某个地方抱有“治安不好”的印象，也许就会让人们停止进一步的思考吧。

就算是那些被称作底层的地方，只要住在那里的人自得其乐、快乐度日的话，局外人是不应该妄加评判的。

刚才提到的“动不动就要维护面子的父母们”也是如此。竭尽全力地去维护面子，到底又能得到什么呢？

虽然我能理解他们不想给人添麻烦这一点，不过有个成天蹲在家里的孩子，或是孩子没找到工作，这些事情都够不上会给外人添什么麻烦吧。

拿自己跟比自己强的人去做比较，不是个聪明的举动。不过，跟比自己差的人相比，倒是能让自己心里喘口气儿，这种做法我并不反对。

看到比自己强的人就想想“立蛋器”的故事。

看到比自己差的人就想想自己其实也还不错。

我们不妨把这种通过调整考虑问题的角度来放松自我的方式当作一项技能来加以掌握。父母和老师们也许不会教我们这么做，不过这才是“生存之道”啊。

弱者的生存之道

有很多人接受不了人会有不好的一面。但即便是一些社会精英，去掉他们鲜亮的外表再来看的话，他们当中可能也有干坏事的人。“人无完人”，这应该是谁都知道的道理，只是有些人不愿正视罢了。

回想起我念小学的时候，印象里好像没有哪天我是不被老师批评就回家了的。

要么是在朋友身上搞恶作剧，要么是上课的时候干些跟课堂完全无关的事情。

说不定那时候的我是患了小儿多动症呢。

就算被点名批评，如果自己不能被说得心服口服，便会跟老师对着干，因为各种事情跟老师发生过争执。

碰到课堂内容没意思的时候，我便拿出漫画书来看，被老师发现了还顶嘴说："这课对我没有任何帮助，还不如拿这时间来看漫画呢！"

不好的事情也都是有原因的。

比起选择逃避那些不好的事物，不如去接受、正视它更好。

我有一位朋友，以前我们都住在集体公寓楼里。听说他现在成天宅在家里，我老惦记着他现在怎么样了。

后来有一次，他来参加 Niconico 网站举办的名为"超会议"的现场活动。

"哦，好久不见！"我跟他打了个招呼。

跟他聊了以后才知道他得了抑郁症，因为干什么都提不起精神，所以天天闲待在家里，没有精力去考虑做一些新的事情。

人在这种状态下，就算每天还能过按部就班的生活，但只要一想到干点儿超出固定模式的事情，心里的坎儿就会过不去。

偶尔稍微出个门，或是仅仅给谁打个电话，都要消耗不少体力。

如果一个人在对电脑操作不熟悉的情况下就陷入了这种状态，那么从学习操作电脑，到跟互联网供应商签订协议，要想在家干点儿跟因特网有关的工作，这其中的每一个步骤都绝非易事。

很难说一个人变成了这个样子是由于他父母的过错，而且摆在面前的问题也不是光靠他个人的意志就能解决的。

唯一能做的就是接受眼前的情形，对自己说“现实就是这样”。

所幸的是，集体公寓楼这个小社会，包容了他这样一类人的存在。

只不过现在想弄到集体公寓楼的入住名额，可不是件容易的事情。听说住户已经满员，公寓楼不再接受新的租房申请了。

我还听说现在有一个要将桐丘的集体公寓楼整体翻新的计划正在推进当中。

这个计划据说是要花上 20 年左右的时间去建一个

庞大的高层住宅楼，把分散在各栋楼里的住户都搬迁到新楼里去，并将原来的那些老楼全部拆毁。

现在仍然还有很多跟我父母同一辈的人住在那些集体公寓楼里。大家互相之间都是熟人，房租也便宜，完全没有必要把家搬到别处去。

而且因为是国家掏钱来大规模地改建新楼，租住在这里的住户们不用承担任何的风险。

从这个意义上来说，我想那些早早就住在这里的人会被认为是占了大便宜。有的人会将这种权益称为“既得利益”加以批判。不过我却并不这么认为。

人都应该坚持主张自己拥有的权利。记住下面这句话。

“人是守护自己权利的生物。”

属于自己的利益，谁都不会为你守护，你只能靠你自己。

在守护自己权利的同时，如果出现了有人要来破坏你的既得利益的征兆，那么提前去规避这些风险才是聪明的做法。

假设你是在公司上班的员工，我想哪家公司里都会有几个“不干活儿的中年大叔”或是“不让别人插手自己工作的人”吧。

其实这样的人也是按照他们自己的逻辑在运转。

弱者也有弱者自己的生存之道。

我们在评判他人的时候，碰上那些不愿意做出改变、不接受挑战的人，很自然地就想要去跟这些人讲道理。不过，可千万不要被他们的态度分了神而白白浪费了自己的体力。

如今的时代已经是自己的人生由自己来守护了。

有的人一旦将租住便宜的集体公寓楼的权利弄到手，之后哪怕他挣到了和普通人一样多的薪水，也不过是自己搬出去住，却让亲戚住进来继续占着“廉租房”的名额。

当时的集体公寓楼里有很多房间都没有浴室，住户们对此大为抱怨，闹着要求把所有的房间都配备了浴室。这个追加的浴室就设在了各家的阳台上。在我上小学的时候，经常看到这种追加了浴室的房间。

如今想来，集体公寓楼里的住户都是租房子住的人，却那样大张旗鼓地对房子进行大规模的改造，这么做真的没问题吗？

不过，在这些租房子住的人心里，应当是早就下了“要一辈子住在这里”的决心了。

打定主意的人，都会很有韧性。坚守尊严是强者的逻辑。而对弱者而言，守护自己的权利才是他们的信条。

空出一只手，才能抓住机会女神的刘海儿

好了，是时候写一些重要的事情了。

为什么之前我要讲有关“前提条件”的内容，是因为我想让你成为“能抓住机会”的人。

这是怎么一回事呢？

原本判断一个人是否正在工作，乍看一眼是没办法看明白的。那个人只要在办公桌上把手动一动，看起来就像是在忙，不过也许就是装了个样子，脑子里什么都没想。

相反，人在深思熟虑某件事情的时候，会看起来呆呆地，好像在偷懒一样。

在这本书的序章当中我也说过，我是属于思考型

的人。

即便是闲着无聊打游戏的时候，我的脑子里也一直都在思考问题。那些能够很明确地表明“自己不愿意努力”的人，也都是一些相应地认真思考的人。

普通人都认为“一件事只要努力，应该总能办成”。

然而，我想人们都没意识到这种想法其实是很危险的。

机会这种东西，是会突然从天而降的。

多读书来积累知识，或是拼命地去拓宽人脉，或是四处收集信息，这些事情都可以通过努力来实现。

而且能够使你得到机会的可能性大大增加。

不过，机会真的是转瞬即逝。

有一种说法叫作“幸运女神的刘海儿”。

这是用比喻的手法来告诉世人，因为幸运女神的后脑勺上没长头发，所以如果等她从你身边走过去之后你才发现，那就已经没办法抓住她了。

也许有一天，突然有人来邀请你一起创业。也许在你参加的某次聚会上，你“命中注定的人”也正好在场。诸如这样那样的各种机遇，除非你能让自己时刻保持着应对的“余力”，否则是抓不住的。

另外，一帆风顺的人生也会有碰上紧急关头的时候。

这时候如果你的日程被塞得满满的，你会用脑过度而失去思考的能力，看问题的视野也会越来越窄。

你应该竭尽全力地给自己制造出一些空余的时间来。时间不是剩出来的，而是“造”出来的。

社会上也有把自己的日程排得满满地，然后有条不紊地去一件件处理的人。这种人碰上了好机会的时候，估计两只手就会像魔术师抛球一样上下翻飞，非常机敏地去抓住幸运女神吧。

不过，对普通人来说，这种做法实在是太难了。

普通人至少得一只手得空，要不然根本抓不住机会。

那些认为“通过努力去解决问题”“只要努力怎么都能办成”的人，他们总是把自己绷得紧紧的，而屡屡与机会失之交臂。

“时刻记得要让自己的一只手得空。”

这是我在本章里最想传达给读者们的话。

当机会出现在你的面前，一方面你是公司的职员，另一方面你还是养育一家人的顶梁柱，在这种状态下，你很可能会对机会视而不见。

足球运动员本田圭祐说过这样一段话。

“大家都只练习射门。不过，为了能射门成功，怎样甩开对手，把球送到最佳的射门位置上才是更重要的。做到了这一点，练习射门才有意义。”

这跟抓住机会的话题颇为相似。与其练习如何抓住机会，倒不如时刻都做好机会来了自己能把它抓住的准备。

就我而言，碰到那种让我觉得“有趣”的业务时，我会暂且先投资试试看。

最近我试着找来一些视频制作人员，让他们把广告代理商拿来的一些应征作品制作成动画。

这件事情本身并不新奇，不过我觉得一起做事的都是些很有趣的人。给他们投资让我得到了从项目内部观察业务的权利，就算最终做失败了我也接受，说一句“没弄成啊！”便一笑了之。

虽说我会创建新公司或是买股票，不过“想赚钱”的欲望并不大。

我做这些事情就好比是一场游戏的延伸，为了能入局而交入场费一样。

我并不推荐那些把自己仅有的一点儿钱全拿去创业，把自己的生活逼入困境的做法。

社会上有一个学生时代开始创业并且获得成功的 IT 企业家的故事广为人知。然而，这位企业家也绝不是中途退学，两手空空地去逼着自己创业的。

因为在大学里有很多空闲时间，他着手做了自己觉得有意思的事情，结果越做越顺，规模也越来越大，慢慢地就抽不出时间去上课了。他先是选择了休学，到最后实在没法子才退的学。

如果人们错误地理解了这个故事，将做事情的步骤弄反，悲剧就会发生。

总想用钱解决问题，等于放弃了思考

还有一个跟“通过努力去解决问题”的想法比较类似的思考问题的方式。

那就是“用钱来解决问题”。

比方说，有的人会觉得“要是没赶上末班车，那就打车回家”。

要知道打车回家所花的钱，得工作多长时间才能赚到呢。会产生打车回家念头的人肯定从来没考虑过这个问题，他们在日常生活中也肯定有浪费的现象。

据说那些从小从父母那儿能拿到零花钱的人都不太会存钱。

我上了高中以后才开始慢慢地有零花钱用，在那之前一直都过着身无分文的日子。

那个年纪的小孩儿都有中二病[1]，连跟父母要钱都是一副不情不愿的样子。

中小学生就算平时自己不用钱也照样能生活。不用钱，当然也就不会有“钱用了就会变少”的概念。

而如果是从小就每个月领到一笔固定金额零花钱的孩子，他们大概会想“反正下个月爸妈还会给，所以把这个月的钱用光了也没事儿”吧。

人一旦决定了预算是多少，就会把预算要用的钱都花光。

我那时候没什么想要买的东西。因为去朋友家就

---

❶ 网络流行语，指的是青春期少年特有的自以为是的思想、行动和价值观。——译者注

能玩游戏，所以想打游戏的时候就去朋友家蹭游戏机。有什么自己想玩的游戏，就跟朋友念叨说“听说那个挺有意思的”，朋友就会买回来。

小孩子之间不存在谁会故意显摆。在前文中我也说过很多次，住在我们那个区域的原本就都是些处于社会底层的“穷人家庭”。

让自己从小就养成厌恶乱花钱的习惯，在成年以后会大有裨益。

而那些觉得花钱才开心、喜欢购物的人，会因为他们的这种性格在今后的人生中付出更多的成本。

要想大手大脚地花钱，就必须得自己把钱挣出来。

想花钱的欲望也许能让人拼了命地去工作。不过这种做法也因人而异，有人适合，有人不适合。

于我而言，我常常这样扪心自问：

“我没钱。我该怎么办？”

我一直在开动脑筋思考这个问题。

“我想要的这个东西能不能用其他东西来替代？”

“我自己能不能把想要的这个东西做出来？”

“能不能找到谁来帮忙？”

我的脑子里会出现诸如此类的各种想法。

那些用钱去解决问题的人，不会深入地考虑问题。

而且，那些用钱建立起来的关系，也会因为钱而一拍两散。

创业成功的企业家走下坡路的时候，转眼间树倒猢狲散。大家也都听说过这样的故事。

我认为一个人遇到问题时是否会想要用钱去解决，最初的影响因素就来自于小时候家里给不给零花钱。

在集体公寓楼里，单亲家庭或是拿政府救济金家庭的孩子相对来说手头比较宽裕。因为那些家长们对金钱的认知有问题，所以小孩子对金钱的感觉也跟着错了位。

我记得上中学的时候，有一个小子每个月能有一万日元的零花钱。现在想起来，那个家庭就是母子单亲家庭，生活其实很艰难。

在我住的那一带，大多数的年轻人都在社会上混饭吃。不过他们都是些正经的成年人，有着自己的家庭，老老实实地过着日子。这些人都非常珍惜朋友之情，浑身有着使不完的力气。我想，他们身上充满着金钱之外的能量吧。

如果你没有他们那样的能量，也许真该努力让自己成为一个能赚钱的人。我希望每一位读者都能够在认清自己属于哪一类人的基础之上，找到与金钱打交道的好方法。

在这一章里，我一边聊了一些我年少时候的事情，一边跟读者们说明了有关思考的出发点的问题。

只是现如今，我住过的国税局宿舍楼已经被拆了，我的小学和中学也因为少子化[1]的原因而停办了。我最开始上的幼儿园，在我幼儿园还没毕业的时候就办不下去了。后来我又转到了别的幼儿园，结果后来那家也倒闭了。

那些装满我回忆的地方，就这样一个接一个地消失了。

我的幼儿园、小学、初中都已杳无踪影，只有高中因为是在赤羽旁边一个叫板桥的地方上的，现在仍然还在。不过，要论在老家念过的学校，真的一个都

---

❶ 少子化，源自日语，是指生育率下降，造成低龄人口逐渐减少的现象。——编者注

没有了。

所以对我来说，可能已经找不到“我要守护自己的家乡”的这种感觉了。

这样反倒是让人感觉轻松一些。不用花时间怀旧，也没什么非要抓住不放的东西。

我总是，撒开双手不受拘束地活着。

心法二

找到最重要的事

——关于优先顺序

1996年，我复读一年后考上了中央大学。

因为我不想为了考大学而埋头拼命备考，所以我选了学习材料最薄的政治经济学，然后参加了按自己当时的水平能考上的大学的招生考试。

考试试卷是答题卡的模式，我总算是花最小的工夫把考试给熬过去了。我当时完全没有想过以考上东京大学为奋斗目标，我想的只不过是无论如何得拿到一张“大学毕业证”罢了。

就这样我好歹考上了大学。不过，就算进了大学的门，我也没什么要精进学问的意识。我一边琢磨着怎样用最短的时间修满学分，一边优哉游哉地享受着还没有迈入成年人世界的大学生活。

时间一旦有富余，人们就会想着要干点儿什么事儿。

我就是为了打发没去兼职打工的空闲时间，而跟朋友们一起弄了一个制作网络主页的公司，名字叫作“Tokyo access”。

作为大学生创业之后，我去美国留学了一年。

在留学的那段时间里，我开始意识到“也许毕业后不参加工作，我也能活下去”。

接下来，我就来跟读者们讲一讲我是如何下定决心要“不走寻常路”的。

你人生的“大石头”是什么

我经常会被年轻人，尤其是被大学生们问到这样一个问题。

那就是“我应该趁现在干点什么好呢?”。其实答案非常简单。

如果你是大学生，那么该学习就学习，让自己顺利毕业，基本上来说干自己想干的事情就行。

虽说这就是我的真心话，不过确实存在一种如何决定自己应该做什么的思考方法。我就从这种思考方法开始谈起。

举例来说，东洋经济新报社出版的《第三扇门》这本书里，介绍了有关沃伦 · 巴菲特的故事。

书中写道，先把接下来的一年里自己要达成的 25 个目标写下来，再从这些目标当中选出最近三个月以内要达成的 5 个目标，而没有选的那 20 个则作为目前不做的事情，在日常生活当中暂时忘掉它们。也就是说，要将精力集中在被选定的最初 5 个目标上。

虽然书中说明了这个故事并不是巴菲特本人的亲身经历，不过故事本身也颇有魅力，让人听了之后感觉豁然开朗。

如果我有给大学生们演讲的机会，我想给他们讲一个故事。

这个故事在网络上很有名，名字叫作“这个罐子满了吗?”。

也许有人听过，不过似乎没听过的人越来越多。故事虽说有点儿长，我也还是在这里引用一下。

据说在某一所大学里，曾经有过这么一堂课。

教授说道“接下来是大家竞答的时间”，接着便拿出一个很大的罐子放到了讲台上。教授将石头一块一块地装进这个罐子里，直到再也放不进石头了，教授向学生们提了一个问题：

“这个罐子满了吗？”

教室里的学生们回答“满了”。

教授一边说着“真的吗？”，一边从讲台的下面拿出一桶沙石。

他将沙石倒入刚才的罐子里，随着他摇晃罐子，沙石便填满了石头跟石头之间的空隙。他又一次向学生们提问：

“这个罐子满了吗？”

学生们不知如何作答。

有一个学生开口说：“大概还没有吧。”

教授笑道：“对了！”他又从讲台下面拿出一个装满了细沙的桶。

在这桶细沙塞满了石头和沙石之间的缝隙之后，教授第三次提出了问题：

“这个罐子满了吗？”

这一次学生们齐声答道“还没有”。教授拿出一个水壶，将水注入罐子里，水一直漫到了罐口的边缘。他问了学生们最后一个问题：

“你们知道我到底想要表达什么呢？”

有一个学生举手回答。

“即便是日程排得再满，也还是有可能塞进去一些新的计划。”

“这个回答不正确。”教授说道。

“关键点不在于此。这个例子向我们展示的真相是，如果不一开始就把那些大石头先放进去，那么之后就再也没有可能将大石头放进去了。”

教授侃侃而谈。他问学生们对于他们的人生而言，“大的石头代表着什么呢？”

有可能是工作，有可能是志向，有可能是自己爱的人，或是家庭，或是梦想……。

这里所说的“大石头”，就是指那些对自己来说最重要的东西。

要把这些最重要的东西先放进去。若不这样做，你会永远地失去它们。

如果先放小的沙石和细沙，也就是说把那些对自己来说不太重要的东西先放到自己的人生罐子里去，那么你的人生便会被这些并不重要的东西给塞满了。

而且，你会丧失本该花在对自己最重要的东西上的时间，最终你会失去那些你本该珍视的东西。

这个故事听到这里，你感觉怎么样？

也许每个人都应该认真考虑一下，该把什么放在自己人生的首要位置上。

“对自己而言，大石头到底是什么呢？”

要经常试着用这个问题问问自己。

而且要尽可能地将你对这个问题的回答组织成语言表达出来。

“对我来说一日三餐很重要，所以我不会参加那些敷衍了事的聚餐。”

“我想每年都去海外旅行一次，所以我会提前申请休假。”

“我非常重视跟孩子们在一起的时间，所以到了下午五点我要准时下班。”

像这样堂堂正正地向对方表明自己的观点会更好。也许你还应该用一些站得住脚的理论来武装一下自己，以便即使被人提意见，也能把对方的话反驳回去。

决定好什么东西对自己最重要，然后就按照自己的原则去行动。

“优先顺序”是本章谈论的关键点。

因为我觉得它才是幸福地度过每一天的诀窍所在。

对我来说，大石头指的是“睡眠”。

不管结果会导致迟到或者不管要做的是什么事，我都非常重视自己“现在困得想睡觉”的感觉。如果因为睡觉耽误了事情，而惹得对方勃然大怒，那么即便是需要下跪请罪，我也认了。

我跟身边认识的人、我的朋友还有工作伙伴们，都认认真真地传达了自己的这个首要需求。

对我来说，工作这东西只不过是沙石、细沙或是水。如果把这些东西先放进去，就非得减少自己的睡眠时间不可。

我宁可死都不愿意过那样的人生。

兴趣爱好的世界，无关逻辑

说起来也许有些出人意料，大学里我几乎没有哪门学科挂科，顺顺利利地毕了业。我并没有去上自己选修的所有科目的课，而是选了一些不用上课就能拿学分的课程，通过走捷径上完了大学。

因为我上大学的目的是为了拿到一个大学毕业证，所以没有什么事情比考试挂科更浪费时间的了。既然选定了科目，就得要求自己全部都过。成绩虽然不理想，不过毕业证书里并不会记载各科成绩，也算是平安无事。

上大学的时候我有大把的空闲时间。

1997 年，大学一年级的冬天，我给自己买了一台电脑。

买这台二手的东芝电脑差不多花了 10 万日元，我当时想“这下子总算是能在家上网了”。

我一心想着要把买电脑花掉的 10 万块钱挣回来，于是在各类中奖后就能有奖金的网站上都报了名。而且为了不浪费时间，我给自己定了个规矩，一律不看那种一看就让人停不下来的网络留言板或是成人网站。

那时候有趣的网站还很少，从头到尾把这些网站浏览了一遍之后，我决定“自己也来试着做做看。”

一开始我做了一个“如何消掉交通违规的方法”的网页。因为我比较喜欢琢磨怎么想着法“偷懒”，而且从那时候起，我就已经有了想要跟他人分享信息的意识。

一旦决定了“睡眠”是放到自己人生罐子里的最大的石头，也就意味着“自己没办法去做上班族的工作。”

我彻底放弃了早起去公司上班的念头，把自己做不到的事情明明白白地确定下来，这样就能从结论出发，去考虑怎样做才能让自己生活下去。

大学二年级的春天，我和我的伙伴们一起创业。虽然起因是想要打发时间，不过正好赶上了因特网刚刚兴起的好时期。创业后不久，就陆陆续续地接到了很多的工作。

大学三年级的时候，我去美国的阿肯色州州立大学留学。美国的乡下真的是什么都没有，在那儿生活有的是用不完的时间。

留学期间我也继续做制作网页的工作。

"照这样在国外也能挣钱的话，我就没有必要非得待在日本不可啊。"

我开始意识到了这一点。

因为我明白了就算是离开日本的社会体系，我也照样能生活，所以人生第一次萌生了任何时候任何地方自己都能活下去的信心。

就算在海外跟谁都没有交情，但只要积累了交朋友的经验，到哪儿都能想到办法。在我现在居住的巴黎，这一点也同样行得通。

如果日本能够一直保持着一亿左右的人口，也许我会有留在日本生活的可能性。

不过，要是日本的人口数量一直下降的话，留在日本发展就没有什么优势了。

经历过泡沫经济时代的人都相信"总有一天日本也能行"。一旦赶上了好时代，即便什么都不做，也能成就很多事情。

不过，我们这一代人却不一样。

我们是遭遇了"就业冰河期"的一代人，所以如果不能够用自己的头脑去进行逻辑性的思考，我们就很难生存下去。在因特网的世界里也是这样。

对网络上的各种意见进行一番观察，你会发现逻辑说得通的意见往往会获胜。

“A 对，B 不对！”

“不对，A 不对，B 才对！”

网络上常常会有诸如此类的讨论，最终都是有逻辑的意见会取胜。作为一个群体对事物的判断，群体智慧在这些讨论当中发挥了作用。

不过，也有群体智慧发挥不了作用的时候。

对偶像的喜好就属于这一类。偶像可爱与否，完全取决于各自的主观评判。

所以既有“靠逻辑运转的世界”，也有除此之外的“兴趣爱好的世界”。

“这个问题是关乎逻辑还是关乎兴趣?”

如果是关乎兴趣，我会做出“哪种意见都行”的判断。把自己的喜好拿来跟旁人争辩，就如同是跟人在玩摔跤游戏一般。

在兴趣爱好的世界里不要较真儿，只用享受这份兴趣带给你的快乐就行。确定了这一点，人生就会变得轻松很多。

在过去的时代里，无论是在公司还是家庭内部，人们都只能选择去接受在这些封闭的环境当中产生的任何不合理的事情，强迫自己去忍耐。

要是对方比自己年长，或是对方气势汹汹，又或是对方说话嗓门儿大，自己都只好一声不吭地忍着。

不过，在因特网的世界里，任何时候都会有“第三方”在一边旁观。

“这也太欺负人了吧！”

“是那个家伙自己才不明真相吧！”

各种持不同意见的阵营会把事情一下子闹大。那些不管站在什么立场上都敢于发表正确意见的人会在评论中占据上风。

毫无疑问，我就是受益于因特网的群体中的一人。

我就这样过上了和因特网密不可分的人生。

决定好该舍弃什么

因为把“睡眠”“大学要顺利毕业”这些优先顺序清清楚楚地确立了下来，我的人生就豁然开朗起来了。

话虽如此，也有很多人会因为重要的事情太多，考虑起来脑子里就成了一团糨糊。

为什么会有这样的情况呢？原因之一是从方方面面接收到的信息太多了。

“这本书非看不可。”

“如果不会讲英语和汉语，就会混不下去。”

人一旦像这样持续地接收到各种信息的刺激，内心确立优先顺序的坐标轴就会变得摇摆不定。如果不把优先顺序弄清楚，自己做不到的事情就会多起来，人生也会陷入不幸。

在这里，我来告诉读者们一个“如何对‘思维方式’进行考量的方法”。

这个判断的方法就是问自己“这件事情事后能补救吗？”。

如果事后能够补救，那就遵循暂且先放一放的原则。

最好把这个原则跟本章开头谈到的“大石头”的故事结合起来一起考虑。

拿我来说，觉睡不好便会头脑不清醒，这是没有其他办法可以补救的事儿。若是想睡却睡不成，整个人就是恍恍惚惚的状态，所以想睡觉的时候便非睡不可。

因此，我把睡眠当作自己的头等大事。

“因为没学习所以很焦虑。”

“我动不动就想要买东西。”

在这种时候，记得问问自己“对自己最重要的是什么?”“这件事现在不做行不行?”，以帮助自己渡过难关。

打个比方，七天之后你要参加一场考试。

你首先需要做的是纵观全局，想一想“需要多少时间去准备，才能取得好成绩”。

如果只要一天就能全部搞定的话，那么考试的前一天好好学习，在此之前尽情玩耍也没什么关系。

没有什么事情会比多少带些负疚的心情去玩儿更能感受到快乐了。

如果你是那种喜欢先着手准备的人，那么把最初的那一天拿来认真学习就是了。

道理虽然就是这样，但很难去定义什么事情是徒劳无用的。在学校里学的东西并不一定会对你一生都有用，而在漫画里得到的知识也可能会在很多地方派上用场。

如果是将来也有机会得到或是事后也能挽回的事情，倒不妨把它们归到“徒劳无用”这一类去。

就拿买东西来说，若是明天也能买得到的话，现在不买也行吧。

在我的记忆里，只有一次我为做某件事情排过队，那是念小学的时候为了去电影院看《终结者 2》。也就只有这么一回。

不过，作为人的一种经历，如果能把排队去做某件事情转化成价值，那就没有什么不好。

这就好比那些在 YouTube 上发布视频的网络达人，他们会立马买来各种刚发售的新商品，打开包装上传动画，或是在社交网络平台上做商品的宣传。

通过这种手段他们将对商品的消费和对商品的用户体验融为一体。

如果你能养成以确立优先顺序为目的的思维方式，一定会对你的人生有所帮助。

“画大饼”也不错

明确了优先顺序以后，就要来确定目标了。

我在大学里浑浑噩噩地过了一段时间，因为某件事情的出现，让我认定了自己的人生目标。

那便是在银行里开定期存款账户这事儿。

当时银行的定期存款利率是 3%。

“如果我能有 5000 万日元的存款，那么即便什么都不干，也能每年净赚 150 万啊！”

我心里想如果真能这样，那便可以一辈子都高枕无忧地生活了。

也许这些话听起来像是在说梦话，不过看一看 20 世纪 80 年代的各种宣传单，会发现还有比这个更厉害的。

当时有一些银行推出的“高折扣金融债券”，利息高达 6%。仅仅存 100 万日元，就能每年从银行拿到 6 万日元的回报。

在那个时代，只要把钱存进银行，之后就算什么都不做，钱也会自动地跑到口袋里来。所以人们也许都会想到姑且找个工作努力挣钱，再把钱存起来赚利息。

正因为如此，上大学的时候我就决定要挣到 5000 万，然后靠这些钱的利息去过日子。

学生时代一个月的生活费用不了 6 万日元，那时候我非常自信地以为只要存够了 5000 万，就能一辈子都过着和当时一样的日子。

“那我该怎么做才能存到 5000 万呢？”

我开始思考这个问题。

这是我把人生目标确立下来的重要时刻。

“我正朝着什么样的目标前进呢？”

一旦有了目标，那么朝着目标前进的方向就会在不知不觉间变得清晰起来。用给自己画饼来确立愿景的方法最为恰到好处。

比起给自己设定过于具体的目标，不如笼统地想象一下“要是能成这样就好了”的状态。

这样一来，自然而然地你就会朝着设定好的方向采取一个接一个的行动。

“要想挣到 5000 万，就有必要发明专利来一举成功。”

在大脑的某个角落里是否存在着这样的想法，会使你度过每一天的方式都随之发生变化。

然而，现如今银行的利息连 0.1% 都不到。

就算存 1 亿日元，利息也只有 10 万日元。存 100 亿日元，利息好不容易能有 100 万日元。现在的人也许很难产生像我当年那样的想法了。

不过，从根本上来说，“一边过着节俭的生活，一边寻找机会活下去”的理念并没有改变。

一般工薪阶层的生活范本是下面这个样子的。

在退休之前攒够 5000 万日元，然后在退休的时候拿到一次性退休金 5000 万日元，加起来便有 1 亿日元。这笔钱一年能有 10 万日元的利息，另外还能拿到一点儿国民养老金。

像这样宽裕的生活虽然是工薪阶层生活的一种模式，但如今也只是少数干出一番成就的工薪阶层才能过上这种日子。

对自己思考问题的方式进行快速的调整，把自己的目标和不想做的事情明确下来，也许每天都快快乐乐地过日子才最简单呢。

从九份工中学到的经验

我认为自己不适合做个普通的打工族，不过这个结论并不是在我脑子里空想出来的。

也许在大家的印象里，我没有正儿八经地上过班。可是事实上，我在学生时代有过很多打工的经历。

打工的目的虽说是为了打发那些百无聊赖的时间，不过干起来却也是其乐无穷。

大致统计了一下，光我能想起来的工作就有九个之多，分别是“便利店店员”“超市成品菜柜台的店员”“拉面馆店员”“录像传单的投递员”“手机公司的接线员”“补习班老师”“清扫员”“比萨饼店的配送员”“佐川急便的快递员”。

首先，在手机公司做接线员的工作给我留下了深刻的印象。

接线员并不需要自己给客户打营业电话，只用接客户打过来的电话就行。这个工作我干得非常愉快。

通过这个工作，我明白了一点，“这个世界上有一些没办法对话的人”。

接几通客户电话就会碰上一个纠缠不清、从头到尾都在抱怨的人，要么一开口就一阵咆哮，要么完全不理解我这边说的话。

我觉得，年轻人尽早接触这种随机地跟各种各样的人打交道的工作比较好。

做这种工作，能够包罗万象地学习到“有的放矢地去应对不同类型客户”的实战经验。

打电话来的客户当中，既有我只在漫画书里看见过的说日语时会把句末的单词发音加重语气的中国人，也有一些跟不上数字时代的老头儿们特意打电话来问时间。

总而言之，做这份工作让我了解了形形色色的人。

因为我做得很开心，以至于从一群勤工俭学的人当中脱颖而出，被调到了专门接听手机故障报修电话的部门。

这是一个没有任何人监督你的工作环境。我要么一边打着“口袋妖怪”的游戏或是看着青少年版的漫画书，一边对着电话那头的客户认认真真地说着“我知道了，真的是太对不起了”之类的套话。

在这个部门的工作，让我发现了社会上的很多事情其实都比我们想象中的要好对付得多。

像公司这种组织，看上去是板板正正的形象，不过进去工作了就会发现，实际状况也不过如此。

“社会并不那么复杂，而且出乎意料地运转有序。”

有了这样一种体验，完成业务目标的难度便会大大降低。即便是在跟企业打交道的时候，这种体验也能帮助你保持自己的平常心。

那些上大学期间没打过工，从一开始就觉得“这种无聊的工作谁会干”的自视甚高的人，没打工是他们的损失。人应该凡事乐在其中，抱着稍微不太当回事儿的态度去做事情会比较好。

“发传单”的那份工作，虽然看起来毫无乐趣可言，不过我也没想到自己会干得挺开心。

发传单的工作区域是被事先规定好的，之后就只需要你不偷懒、兢兢业业地把传单发出去就行。大概是因为常常有人偷懒，因此偶尔也会有监视员来暗中检查工作。

因为这份工作要求自己在不太熟悉的区域里边走路边往家家户户的邮筒里塞传单，这种感觉就好比是触动了打游戏时的想要“全部通关”的欲望，自始至终我都干得挺认真。

我现在都还对笹塚这个区域的情形了如指掌。

有时候我钻到巷子深处的房子或是公寓楼里去，一边想着“还有这样的路呢！”“这条路跟这地方连着吗？”“这户人家的房子的构造是什么样的呢？”，一边心无旁骛地把传单塞进邮筒里面去。

做发传单的工作，我也受到了很多表扬。我明白了即便是自己没有要努力工作的打算，也有可能像做这份工作似的得到肯定。

不过，因为“游戏通关”成了这份工作的目的，一旦干久了就会生厌，所以我也干过碰到一家没人住的房子，就将手里还没发完的传单一股脑儿地扔进去，草草收工回家的事儿。

只有经历过，才能有体会

在此之前的章节里，我以学生时代的经历作为主线，写了有关如何确立“优先顺序”的内容。

不过，所有的事情如果不是自己亲身体验一番，就判断不了究竟哪些是自己不需要的。光凭想象去做判断其实是件挺困难的事儿。

社会上存在着关于艰苦的经历对一个人来说是不是徒劳无益的争论。

正如我在书中一直说的那样，就算到了现在，我在大学时代的打工经历也并没有变得一无是处。如果拿“这件事情以后是否还有机会去做”这个标准去对照，那么学生时代的打工经历就只有当学生的时候才能做，过了这个时期就没有办法去弥补了。

从这一点看来，我可以说那些体验都不是白费功夫。

而且，通过打工把肉体和精神都彻头彻尾地锻炼一番，能让自己明白“自己会在哪些事情上感到有压力”。

而减少压力，则是让自己过上幸福人生不可或缺的思维方法。

拿我来说，心无旁骛地干些体力活儿倒没有想象中那么累；反而是在便利店打工的时候，碰上没事儿干就发呆混日子挺难熬的。

跟我的状况正好相反的人肯定也大有人在吧。

回想一下自己小时候的情形，也许你就能知道安安静静地待着不动对自己来说是不是一种压力。

那时候的你是能在桌子前面老老实实坐得住的类型，还是坐不了一会儿就站起身来跟周围的人搭话的类型？

并不是说哪种类型的人更优秀，而是让自己和自己从事的工作的类型完全合拍是非常重要的。

如果这两者不匹配，勉强去做让自己感到痛苦的工作，人生就会变得越来越不幸福。

“对自己来说，什么是压力呢？”

事先了解到对自己来说什么是压力，就能做到去规避产生这些压力的要素。比起在实际的工作和生活中逃避压力，从心理上摆脱压力才会对自己更有益处。

比如说，你在工作单位被人说了不愉快的话。

这种情况下，反击对方和不与对方发生争执，哪一种做法会让你产生压力呢？

看待这类事情的态度，自然是因人而异吧。

不管是谁，被人说了不愉快的话都会感到不高兴。

不过如果反击对方会让自己觉得不舒服的话，那就不如一笑了之，宽慰自己说“跟人打嘴仗让自己不愉快才是得不偿失呢”。

这是一个从心理上规避压力的例子。

如何去判断该怎么做，只能由你自己来决定。

本章最重要的话我已经讲完了，接下来再说点儿题外话。

我想到了一个跟“压力”有关的有意思的话题，那便是男性和女性的寿命差异。

日本男性和女性的平均寿命，大概相差六岁。

从世界范围来看，一般都是女性的寿命会更长一些。不过在日本以外的国家，这个差异只有三年左右。

但只有日本的男女寿命差异格外大。

究其原因，有着各种各样的说法。

这其中经常听到的一个说法是，如果哪家的太太先去世，那么成为孤家寡人的丈夫也会在三年之内撒手人寰。

因为太太去世了，丈夫得自己学着干家务，一下子有一大堆要记的事情，这些都会让丈夫感到压力。男性比女性在更早的人生阶段就失去了对未知事物的好奇心，所以他们缺乏尝试新事物的精气神儿。

虽说这只是个假定的推测，不过也有一定的道理。

那些跟我差不多年龄，过了 40 岁却仍然对生活有所追求的人，看起来都很年轻。

另外，跟 20 多岁的年轻人在一起工作的人，也会相对显得比较年轻。在大学里做研究工作的人也是如此。

听说有些人大学毕业后回老家，在当地的银行参加工作，每天几乎不用加班，7 点左右就能回家吃晚饭，他们也会显得比实际年龄更年轻。

归根结底，人会不会显老，取决于自己感受到的压力的程度。

而且什么是“压力”，也因人而异吧。

如果一个人从决定放弃新事物的那一刻起，就好像一下子老了一大截的话，那还是一直都保持着好奇心会更好。

人一定要有让自己保持接触新知识和新思想的习惯。虽然我又要重复在第一章里说过的话，不过，对于那些“奇怪人的奇怪想法”，还是不要置若罔闻的好。

人都会有因为身心透支而撑不下去的时候。

举个例子，据说人在冰天雪地里快要被冻死的时候，身体一直跟寒冷做着斗争，心里想着自己快要死了，真的快要死了；在某一个瞬间当他彻底绝望，感到“再也撑不下去了”，就真的被冻死了。

人会在某个时刻，自己按下放弃键。

就算是被置身于极限状态之下，有的人也会拼了命地活下去，有的人却草草丧命。他们的差别就在于按下放弃键的时机不一样吧。

有人曾经在墨西哥的洞穴里，一个月没吃东西却撑着活了下来。

由于他在这一个月里除了水之外没有任何吃的东西，所以身体的脂肪作为能量被完全地分解掉，脂肪没有了又开始分解肌肉。

据说肌肉被分解的时候会引起剧痛。待在洞穴里的人一直忍耐着这种痛苦，并且在一个月后还能够幸存下来，可见在这段时间里他一定无数次面临着是否要去按放弃键的抉择。

如果是像我这种懒惰的人，估计差不多一个星期就一命呜呼了。

我不知道，一个人会不会去按放弃键，是取决于先天的遗传，还是像体育运动一样，是一种后天培养出来的素质。

不过我想那些太太死了自己也会跟着早死的丈夫，究其原因跟他们考虑问题的方式有关。当他们感到一个人的日子过不下去的时候，他们也就按下了人生的放弃键。

以上谈的都是些没有什么要领的闲话。不过这些话讲的是优先顺序，也是人为什么要规避压力的原因。

学生时代跟我一起创业的朋友们，他们都按部就班地大学毕业就找了工作。

只有当社长的我，一个人留了下来。

我并没有让自己去选择跟周围的人一样的道路。

而是自己决定了什么是对自己来说最重要的事情。

心法三

机会藏在人们的需要之中

——关于需求与价值

1999 年，我从一个叫“ AMEZO”的论坛获得灵感，开设了“2ch”网站。在这个能够以匿名的形式发帖子的论坛上，有众多的网络用户，最多的时候用户超过了 1000 万人。

然而，当时的法律对网络管理人却有着诸多不利的限制。

因此，没有什么人能够一直干下去，只有我侥幸坚持了下来。

社会上有很多有关网络匿名的是与非以及道德层面的讨论。比起“匿名”在道德上到底是好还是坏，我考虑的是网络论坛本质上的需求是什么。

接下来，我就来讲一些与此有关的话题。

喜欢是喜欢，工作是工作

“将自己喜欢做的事情发展成为工作”这句话正成为我们这个时代的信条。

不过，这句话说起来得小心谨慎。

我们暂且将是否要把自己喜欢的事情发展成为工作这事儿放在一边不谈，趁此机会把自己到底喜欢什么给弄清楚，倒是一件好事儿。

拿我来说，因为游戏和电影是我百分之百的兴趣所在，我知道它们都没什么用处，却也同时表明了“喜欢它们”的立场。

而且，我人生的大部分时间都花在这两件事情上。

自己喜欢的事情，就是因为喜欢才会说“喜欢”，除此之外不需要加上什么特别的理由。

“我喜欢我自己中意的东西。不需要别的理由，就是因为喜欢！”

除此之外，难道还需要别的什么理由吗？

不过，有时候会有人问你："为什么喜欢？"回答这个问题确实比较麻烦，所以事先要准备好适当的理由，"如果被人这样问，我就这样回答"。

这并不是什么难事儿。只要你能稍微深入地给出答案，提问题的人听了也会信服。

"人能够在看电影的两个小时里，去电影中的世界里领略一番，对吧！"

"玩游戏的时候，如果能以最短时间通关，会激发大脑中多巴胺的分泌哦！"

这么解释就够了。

那些说"不知道自己为什么喜欢"或是"自己喜欢的东西不好意思说出来"的人，人生的大部分都白过了。每个人都只有有限的人生，应该把大多数的时间都放在自己喜欢的事情上才对。

对于那些不需要别人说、自己就会主动去干的事情，你只要堂堂正正地表明"你喜欢"就行。

正如我在前面的章节中写到的那样，我在十几二十多岁的时候，过着整天都挂在因特网上的日子。

因为我曾经修改过程序，所以自然而然地就想到了“自己来开发试试看”。

这就好比有的人喜欢服装，脑子里成天考虑着服装的事，要是具备了“裁缝的技能”，便会自己动手做衣服了。我当时想要开发程序的想法就跟这种感觉一样。

在我开始打造 2ch 网站的时候，手头连请工程师的钱都没有。

我首先学着工程师的样子，从学习“ Perl”这个编程语言开始起步。

因为电脑的程序也都是被人开发出来的，所以只要模仿写程序的人的手法，其他的人也能写出来。我那时候考虑问题非常乐观。

写完程序以后，我在租来的服务器上试着实际操作了一下。

“运行起来了！这个肯定能行！”

这一瞬间，我产生了这样的念头。

那时候的我，还没有要将 2ch 做成自己开发的网站的想法。

充其量我只不过是给用户们提供了一个“贴吧”

之类的公开发言的场所。

假设在公园里发生了凶杀案，那么修建公园以及管理公园的人会被抓起来吗？

再假设有人寄明信片来宣告自己要杀人，那么制作明信片的人以及邮局送信的人也会遭到逮捕吗？

错在杀人和发布犯罪预告的犯人身上。网络管理员的立场跟上面讲述的这两种情况也如出一辙。

因此，如果贴吧里发生了什么大事件，每一次我都提议制定相关的制度。我认为网络用户们一起讨论，群策群议，集体的智慧会让事情有个圆满解决。

不过，当时的司法机关并不接受这种做法。

他们的理解是，既然我是这个网站的责任人，那么在这个网站上发生的所有事情都是由我一手决定的。

让我们言归正传。

在这一章我想谈的话题是“需求与价值”。我推荐的做法是，不要把自己喜欢的事情发展成工作，工作应当是自己能够胜任的事情。

为了让自己的想法不只是停留在想法的层面，思考该如何在现实生活中去找到想法的“落脚点”就非常关键。

举个例子，我在前文中说过，从一亿人那里找每个人要一块钱是个不现实的想法。

但即便如此，如果换作是在学校的 40 个人的班级里，自己找另外的 39 个人分别要一道菜倒不是没可能。事实上，我就曾经用这种方法成功地做出了大快朵颐的便当。

当心里产生了“想要做某事”的念头时，最好要深入思考到“把想法变为现实的具体做法”的程度，以及考虑一下要实现这个想法需要具备哪些必要的技能。

如果像我这样有编程的技能，也许你就能实现向用户提供网络服务的可能性。若是擅长烹饪的人，就能做出自己独创的料理。

据说世界上的事情可以分为两大类。

“想做却不会做”和“会做却不想做”。

就是这两类。所以，各有各的烦恼。

从“会做的事情”而不是“想做的事情”开始起步，把事情做到需要自己稍稍努力才能够达到的水平。

这种感觉就好比一步一步地去填平“想做”和“会做”之间的差距一样。

如果一开始就在“自己会做的事情”当中掺杂“喜欢”的个人情感，那便稍微有些麻烦。虽然一头扎进追求个人品味的世界里，把工作当成兴趣爱好并没有什么问题，但若是把这份工作当作稳定的收入来源，就不适合了。

选择工作的正确方法

这个世上的所有事物可以分成被需要的和不被需要的两大类。

当你选择工作和公司的时候，你是否也觉得该选择那些被社会所需要的行业？

“电力、燃气、自来水这些基础设施必不可少。”

“银行和保险业最保险。”

“食品行业绝不会过时。”

这些都是对社会来说必不可少的行业。

在大家找工作的时候，不管是谁都会考虑这些事儿吧。

或许也会有人选择对自己来说缺之不可的东西。

“没有音乐我就活不下去。”

“我光打游戏了，我想去游戏行业试一试。”

在考虑某个工作的必要性时，我觉得像后者那样，将“自己”作为坐标的原点去考虑问题比较好。

不过，正如前文所述，我不建议大家把自己喜欢的事情发展成用以谋生的职业。不要把自己的喜好作为选择行业的标准，而只是将其作为自身的体验，以此为基础进一步挖掘看一看。

“想搞音乐”→“想要打造出将全场观众融为一体的临场感。”

“想开发游戏”→“想要弄出让人心无旁骛、沉浸其中的游戏情景。”

在这儿我就来说说我自己的经验。

从 2006 年左右开始，2ch 网站就因为牵扯到 IT 域名冻结以及论坛上投稿之类的纠纷而屡屡吃上官司，被新闻报道的次数渐渐增多。

社会上对此议论纷纷，觉得“因为法律上的问题

2ch 要黄了”。不过因为 2ch 用的是美国的服务器，因此作为美国企业提供的网络服务，并不受日本法律的约束。

虽然 2ch 论坛看起来是个无法无天没人管的地方，不过我也看出自己对 2ch 网站的管理还是有序的。之所以意识到这一点，是因为我积极配合了警察对论坛发言所进行的调查。

在此之上，就算 2ch 遭到了取缔，其他类似 2ch 的网站依然能够继续存在。只要社会上有这一类的需求，改变提供的服务形态仍能继续找到出路。就好像小孩子们玩的互相搭手背的游戏一样，能一直周而复始地玩下去。

就算自己家附近常去的小店倒闭了，你肯定会去光顾别的店吧。便利店倒闭了，人们也不会放弃买东西，他们会去远一点儿的超市购物。

2ch 网站成功的根源在于人们都抱有“想要匿名地自由表达观点”的诉求，而并不是因为网站命名或是功能做得有多好。

“自己会因为不能做什么而犯难呢？”

这是为了找到万无一失的工作而必须要考虑的事情。

对自己来说最重要的事情是什么？什么情况下你总是会压抑不住自己的欲望，无论如何都要去做呢？

对这些问题进行充分了解是非常重要的，跟自己的个人喜好并没有关系。

2ch 网站的系统本身，其实谁都能开发出来。既有人写得出跟 2ch 同样的程序，也有跟 2ch 类似的网站存在。

不过，我弄懂了网络用户为何会觉得 2ch 提供的服务有趣的原因。因此 2ch 的网络服务得以长期坚持下来。成功的理由仅仅在于此。

即便 2ch 网站不再提供网络服务，它的最本质的部分也会一直存续下去。网络用户对 2ch 的需求，会在其他的网站得到满足。

现如今，推特（Twitter）以及雅虎的评论栏、Youtube 的留言栏就提供这一类的服务。

不管科技如何进步，如果没有想要使用这个科技的人，那么服务也就无从谈起。

曾经有一位类似发明大王的人，在电视上介绍过一种“自动打蛋器”的新发明。不过，没有谁会因为缺少这种东西而发愁。

在第一章里我曾讲过的“立蛋器”的故事也是一样，之所以我对这个物件的必要性完全没感觉，原因就在于此。

但却有人会因为没有了“2ch”这样的网络空间而犯难。

“想要一个能匿名说出心里话的地方”，绝对是永远都不会被淘汰的需求。

最好把能够让你强烈感受到“缺之不可”的事物，发展成能让你有稳定收入的工作。或许你坚持一辈子都做这件事情也未尝不可。

在这个问题上无须听取他人的意见。

你完全不用在意别的什么人是怎么考虑的。

并不是其他人，而是“你自己”觉得缺之不可，所以你自己去做这件事。

“我想看见人们欣喜的笑容。”

“我想助社会一臂之力。”

“这个产品会有很大的市场。”

这一类的理由，要么都是自己事后追加上去的，要么都是招聘网站列出来的冠冕堂皇的说辞。

“缺了这个我自己会犯难。”

选择工作时最本质的原因，只能是这个。

出类拔萃才不会被动

进入 2000 年以后，2ch 网站的业务越做越大。但即便如此，2ch 的利润却并没有增长。而且比这个更糟糕的是，由于出现了太多的纠纷，2ch 的业务都差不多不赚钱了。

为了筹措到每月 250 万日元的租借服务器的费用，我靠在网站主页上打条形广告以及出版的收入勉强维持着运营。

那些创业成功的人，并不是有什么引人注目的技能，而是都具有踏踏实实的筹划能力以及事无巨细地处理日常事务的能力。

如果出现问题，就悄无声息地把问题解决掉。

处理问题的时候没有必要带任何有关好恶的个人情感。

2008 年的时候，2ch 网站的用户量增加到了 1000 万人左右。

用户的平均年龄为 30 岁上下。网络对于他们来说就相当于看书读报吧。

2ch 网站的广告业务赚了个盆满钵满，年销售额超过了 1 亿日元。

不过，那时候我就预感到了依赖广告存活的媒体今后的路会越走越难。新媒体一旦增长起来，大家都在一个碗里抢饭吃，不可避免地就会陷入薄利多销的局面。

所以我没有让 2ch 网站上市。

上市企业是不允许将募集到的资金捏在手里却什么都不做的。

如果公司资金富余，就得把钱拿出来投资设备，或者收购其他企业，以进一步地抬高自身的股价。

持有公司股票的股东们不允许公司有丝毫的懈怠，公司时刻都处在竞争的旋涡当中。

在我的大脑里，小时候生活过的公寓住宅区的情形总是挥之不去。不工作的大人们都被装在那个回忆的盒子里，大家什么都不干，优哉游哉地过着日子。

YouTube 公司由于被谷歌收购，从某种意义上来说，成了一个“什么都不干也行”的企业。

既没有破产的担忧，也没有要跟谁竞争而努力奋斗的必要。

每天都会有无数的视频被上传到 YouTube 网站上。YouTube 公司得为此花费巨额的服务器运营费用。不过广告收入到底能有多少呢？拿我在 Niconico 动画网站的时候来说，因为每个月要花掉 1000 万日元的运营成本，却并没有开展在网站上打广告的业务，所以那时候一直都是亏损的状态。

YouTube 公司之所以发展到现在这样的规模，有一个原因是在他们的网站上“能看到侵犯著作权的视频”。当然，只要著作权方要求网站删除那些未经允许就上传的内容，网站就会照办。但因为会有一个时间差，所以网络用户仍然能够暂时性地看到那些视频。而那些没有被谁因为侵权而要求删除的内容，就会一直挂在网上。

读者们第一次在 YouTube 上看的视频，说不定也是违反著作权擅自上传的电视节目或电影、音乐之类的吧。

YouTube 公司摆出的姿态就如同这些视频都是自己提供的商品一样，现如今他们已然被当作是世界第一的视频网站品牌了。

另外还有一个有名的故事，说的是当史蒂夫·乔布斯还是高中生的时候，发明了一种能够在网上打免费电话的名叫“蓝盒子”的设备，而且靠这项发明赚了一大笔钱。

这种通过入侵电话公司的网络系统打免费电话的手法，正可谓是专攻法律灰色地带而开发出来的业务。更确切地说，连乔布斯本人也承认这种操作很显然是违法行为。

蓝盒子这个设备，据说有着不同凡响的外观设计，光拿着它就让人觉得很酷。在设计理念上，确实跟后来的苹果公司的产品有着共通之处。

像这样对因特网世界的王者们进行一番观察，我们能得出这样一个结论。

“任何事物只有让自己变得足够强大，才能最终实现共存”。

虽然有“枪打出头鸟”的说法，不过只要能力出众到甩开对手一大截，就不会有被动的风险。

公司里的员工也是这样，如果只有一个人闹事儿，那这个人就有可能被辞退。但如果员工们都团结起来形成工会，就会变成一个很重要的存在，这样公司也只能选择去和这个组织实现共存。

用数量取胜的招数，作为商业策略来说，也是正确的。

要说日本人为何喜欢使用雅虎网站去检索信息，原因在于他们一旦形成了这样一种习惯就会一直这样做。

当把电脑买回来连上因特网之后，屏幕上最先显示的是雅虎的主页。所以，人们也就这样继续用下去了。

绝不是因为雅虎网站的功能比其他网站做得更好。

软银公司的孙正义[1]先生将利用既存的电话线来连接高速因特网服务的“ADSL”传输模式带到了日本，

[1] 日本企业家及投资家，软银集团（Softbank Group）董事长兼总裁。——译者注

当时这种模式在美国已经开始被普遍使用。软银公司在街头免费发放调制解调器的事情曾经轰动一时。

另外，在软银公司投资开展手机电话业务的时候，他们也把“软银的手机信号不好”这个功能性的问题暂且搁置一边，将利用便宜的手机话费来抢占市场份额的任务放在了首位。

2ch 网站的用户数量保持增长的原因在于，我们对“匿名”登录这一点一直没有进行改动。

说实话，“匿名”的网络言论导致棘手的麻烦事儿大大增多。不过，我们先不去想这些麻烦事儿，而是选择了增加用户数量这一头。

日本有一种要求产品“功能优先”的坏毛病。

拿电器产品来说，厂商总是在给产品添加新功能方面努力。不过这种做法没办法拿到世界范围去竞争。

首先，要扩大自己的市场份额，要把规模做大到不会被动挨打。之后才是提高产品的功能性。

以前有一个电器操作系统一度成为热门话题，通过把家里所有的电器都跟电话线连起来，人们只要给家里打个电话就能自动地开空调，或是提前往浴缸里放满热水。

光这么一听，大家肯定都觉得这个系统真是方便极了。

不过，试着实际操作了一下以后，谁也没有购买这个操作系统。也许有一部分的发烧友还是用了，不过普通群众并没有表示出太大的兴趣。

就算在技术上做到了可行，但如果不能将该功能代入到一个能够应用的环境当中，这个功能就等于是个摆设。

比如说，假定有这样一种技术，通过往身体里埋入芯片的方式来读取身体需要哪些必要的营养，然后系统会自动地往家里配送由这些营养素制成的膳食；又或是芯片会读取你有哪些兴趣爱好，然后为你准备出你所需要的娱乐产品。

这些事情在技术上不是没可能。若是将之付诸现实，那么每天就能不用思考地过日子。不过会有谁想要去这么做呢?

难道大家不觉得把这些想法付诸行动面临的障碍实在是太高了吗?

这里面其实暗藏着商机。

如果不对法律进行相当大的改动，诸如允许往刚生下来的孩子身上植入芯片之类的改变，这样的技术根本就得不到普及。

仅仅追求产品的功能性或是便利性，是绝对没办法打赢像中国那样有着大规模市场的竞争对手的。

或者说，我们也可以只瞄准日本国内的市场，走通过提供面向小众的服务来维持生计的路线。

我还经营着一家叫作“未来检索巴西”的提供搜索引擎服务的公司。这家公司的目标客户就锁定在谷歌没办法满足其需求的小众市场上。

比方说，当向价格对比网站提供信息的公司的某商品的价格被假定下来的时候，谷歌的搜索引擎需要花一天的时间才能显示出该数据。

而我们的搜索引擎显示的却是商品的实时价格。

对那些超大企业无法兼顾到的小众市场的需求加以思考，制定出攻克这一类市场的战略，也是一条可行之路。

莫用工具来定性

2002 年，在东京大学担任助教的金子勇先生开发了一种叫作“ winny”的网络文件免费交换软件。在这个软件中应用到的 P2P 技术，催生出了作为虚拟货币基础架构存在的区块链技术，成为支撑未来社会的基础。

然而，由于有一部分用户用 winny 软件进行了不正当的文件交换，不知为何他们的行为使得作为这项软件开发者的金子先生被警方抓了起来。管理软件的人不在了，winny 在网络上的应用越发变成了一个没人管理的混乱状态。

之后，法院做出了判决，判定“ winny 并不是为了助长违法行为而开发的软件”。金子先生被无罪释放。不过他没能再回到技术开发的岗位上，2013 年因患心肌梗死而去世了。

举个例子，假设发生了一起用菜刀杀人的恶性事件。

这时候，没有人会说“是菜刀不好”或是“要让菜刀消失”这种话。

然而，在 21 世纪初的因特网世界里，每当新技术产生，社会的发展跟不上对这些新技术的认知，于是就出现了“ winny 软件不好”“让 2ch 滚蛋”这样的说法。如果新技术能像菜刀那样渗透到人们的日常生活中去，那就不会被扼杀掉。而未能做到完全渗透，半吊子似的存在的新技术，就成为众矢之的。

只是，这种局面也许会扼杀掉新技术诞生的可能性。

“菜刀一点儿错都没有。”

这种思考方法才不会错误地理解问题的本质。

也有一些像开发 winny 的金子先生和在 Livedoor 公司[1]当社长时的堀江先生他们那样的做法，可能招致政府的不满。

不过，堀江先生曾经是被寄予众望的商业新星。

在他被逮捕之前，Livedoor 公司在日本是属于走在前列的新锐公司。

他们公司的 RSS 技术非常高超，而且还具有井然有序地运营庞大的 Livedoor 博客用户的能力。

当时的 Livedoor 公司，一旦发现当下已然存在的

[1] 日本一家因特网服务提供商，曾经为日本三大门户网站之一。——译者注

热门业务，就将它们一个个地收购下来。

很多爱打造一些有意思的产品的人都争先恐后地开发出新的网络服务业务，他们都企盼着堀江先生能投入数亿日元将自己开发的业务买下来。

有才能的人就来发挥他的才能。这股原动力，以堀江先生为中心掀起了一股旋风。

在堀江先生被逮捕之后，Livedoor 公司退出了股市，慢慢成为一个不再像以前一样具有挑战精神的公司了。

这真的是非常可惜的一件事情。

只要国家行使了国家权力，那么一切事物都没办法与之抗衡。

不光是金子先生和堀江先生，还有佐藤优先生[1]和铃木宗男先生[2]等等，他们也都是“不知道自己为什么被抓起来了”。谁都给不出一个让人信服的答案。

也许是因为他们被社会当作恶人来看，没有找到在社会上与他人共存的方法吧。

与之相反的是，我做到了跟国家权力好好地打交道。

---

❶ 日本作家，曾在日本外务省任职。——译者注

❷ 日本政治家，曾当选为众议院议员。——译者注

如果被警察告知“有参与案件的人在你的网站上留了言，需要你把他的网络登录记录调出来”，我会认认真真地向警察提供网络数据。

2ch 网站没有设置账户和需要朋友介绍才能成为会员这些机制。谁都可以自由地进入。这种做法是以“人都不会干坏事”的性本善论做后盾的。

即便如此，还是会有越来越多的“2ch 太不像话”的言论，或是“西村博之要被抓起来了”之类的谣言。

不过，我从没有做任何触犯刑法的事情，也没干过像堀江先生那样与检察院为敌的事。

以“性本善”为前提

为了不让那些新生事物被扼杀掉，我想每个人都是有必要相信“性本善”的。

有一个叫作“囚徒困境”的有名的博弈理论。

有两个犯罪嫌疑人被抓了起来，警察跟他们说了下面这段话。

“两个人都保持沉默的话就都会被判两年刑。如果有一个人自首，那么自首的那个人就被判一年，而什么都不说的那个人则判刑 15 年。如果是两个人都自首的话，则分别被判 10 年。”

这个博弈是要看这两名犯罪嫌疑人犯在被分别告知这段话以后，会各自采取什么样的方式去应对。

两个人是互相合作保持沉默，还是选择背叛对方去自首。

如果两个人能商量以后再决定的话，保持沉默自然是上上之选。

不过，并非谁都会一定这样去想。

也许有人会撒谎说“我什么都不会说”，然后自己去自首，争取一年就从监狱里出来。

这个博弈连着玩 10 次，你会发现有一个“必胜法”。

那便是“如果对方这一次背叛我的话，那么下一次就轮到我来背叛他了”的战略。

世界上有很多绝顶聪明的数学家，虽然他们用各种各样的方法进行了尝试，不过“被对方打了就要以同样的方式打回去”的方法在这个博弈中是最强的。

这一点放在做生意上也同样适用。

个人或是企业之间通过签订合同来确保双方的利益。在这种情况下，也会产生和上述博弈理论相同的事情。

跑马拉松的时候，有人明明最开始的时候说着“大家伙儿一起跑啊！”，却会干在中途甩开同伴这样的事情。考试前，听到别人说“我压根儿就没学习”，自己刚觉得放下心来，却在事后发现说那话的人为了考试通宵达旦地做准备。

不过，若是为了避免这种“背叛”发生，每次都去跟对方进行交涉的话，那么又会因为耗费时间而产生沟通成本。

因此，最有效的方法就是但凡对方没有先背叛，那么自己也绝不先做对不起对方的事情。

“只有在被对方打压的时候，才以其人之道去还治其人之身。”

赋予新的价值

人们在一些原本没什么价值的东西身上起个名字，使它们看起来成为有价值的商品。比如象牙制的印章、羽毛做的鸭绒被、负离子、为宣传消除世界贫困而出售的白手环[1]，这些东西的产生都是源于同样的道理。

当有新的事物出现的时候，最好不要被大众的意见牵着鼻子走。

这就好比看人变魔术，大喊“太棒了!”的看客们的意见并没有什么参考性。

只有当职业魔术师们看了却也没看透究竟而大为赞赏的魔术，才具有真正的价值。我们应该尽量地去参考专业人士的意见。

凡事都由自己去做判断，实在是太难了。

在我亲手打造的项目当中，继 2ch 网站之后获得较大成果的是 Niconico 动画网站。开发这个项目的点子，也并不是由我自己独创出来的。

2005 年，随着电脑技术的升级，大容量视频也作为网络产品开始大量地被网络用户消费。

最开始出现盛况的是 YouTube 网站。不过，我感到由于 YouTube 是海外的网站，跟能够被日本的网络

[1] 2005 年在英国发源的一项旨在呼吁“消除世界贫困”的社会运动，参加活动的人都在手腕上戴着一种白色的树脂材料的手环。——译者注。

用户接受的网站相比，还是有些不同。

于是，作为跟 2ch 的理念有着异曲同工之妙，能够受到日本网络用户欢迎的视频网站——“Niconico 动画”就此诞生了。

当时，我认识了多玩国公司的会长川上量生先生，谈话间商量着要干点儿有意思的事情。我加入他们公司担任董事，在会议上互相拿出很多新的点子。

我们的优势在于做事情不以赚钱为目的。开发项目的出发点是“网站上如果有这种内容的视频，会比较有趣吧”。所以，我们有自信绝不会输给以金钱为目的去做事情的人。

在前文中我曾经写过 YouTube 公司的业务会主攻一些法律上“灰色地带”的内容。Niconico 动画却在管理有著作权的视频内容时碰到了难题。

即便如此，Niconico 仍然创造出了自己独有的动画产业的生态体系。因为用户能通过评论的方式发表自己对视频的意见，利用这个功能就能与其他用户展开对话。

这种和朋友一起一边看电视，一边说三道四交谈的感觉，在网络上得以实现。这跟人们看着 2ch 网站的新闻快讯，然后在留言板上发表自己观点的情形完全是如出一辙。

大家在网络上找到能跟自己扯上点儿关系的话题，并针对这些话题想要发表点儿自己的意见。

“谁还没一句自己想说的话呢！”

这是要想创造出一个交流的场所必不可少的要素。不是只有有识之士在单方面地传播自己的观点，而是听到他们的言论之后普通群众也都有自己想要说的话。

也许这就是人们的最根本的诉求。

后来，Niconico 开通了直播节目，普通观众针对节目的内容进行评论，表演者看到评论后再对这些评论做出实时的反馈。过去只有大众媒体在单方面地传播信息，而现在第一次出现了能进行双向交流的媒体。

Niconico 动画的业务原本只是作为在 YouTube 的视频上加字幕这种“搭顺风车的模式”来设定的。然而，由于被 YouTube 禁止了访问权限，因此业务也就进行不下去了。

即便遇到这种情况，Niconico 动画也还是要继续做下去。最初我们给 YouTube 公司发了邮件，邀请他们一起合作，不过没有收到他们的答复。

这之后，运营 Niconico 动画的 Niwango 公司，从控股公司多玩国那儿得到了支持，业务得以继续下去。不过，因为如果同一时间内用户登录数量过于集中，就会导致服务器负担过重，视频也就会卡在那里动不了，所以 Niconico 动画改成了仅面向会员的封闭式内部服务。这也是不得已而为之的无奈之举。

现如今已然是按会员制的协议内容来收取定额费用的时代了，付钱来看某一个单独视频的人越来越少。当时我们就已经设想到了这种付费的模式。

有关“人在网络上活动的场所”的话题，我想放到下一章里再来讲述。

因为享受到了因特网发展的红利，也就意味着我们必须得考虑向用户提供“场所”的问题。

这句话究竟是指什么呢？

在有关因特网的法律尚不健全的时候，我就创立了 2ch 网站。

因为网络用户在网站上的各种言论以至于我在全

国各地摊上了官司，而且都不合情理地遭到了败诉。

在遇到有人在网络上恶意地大放厥词的时候，原本只是那些留言的人的错，我却被法院认定是“心怀不轨才任凭这些留言放在网上”。

虽然现在的法律发生了变化，不过当时的网络管理人受的就是这种待遇。

最初的法庭判决出来的时候，我心里想“输了官司肯定会有很多麻烦事儿啊”。

不过，结果却什么事情都没发生。

即便败诉的判决从 10 件、20 件、30 件……，堆积到了 100 件，我的生活也没有任何的变化。

如果你有房子、车子之类的资产，那这些东西就会被法院扣押起来。可是我从来都对这些物质不感兴趣。

虽然“极简消费主义”这个词是最近才产生的一个词，不过人若是不死守着他想守护的财产，便能变得自由自在。

无家可归的流浪汉、江户时代的卖艺人，以及那个时代在城里常出现的穿着奇装异服、行为乖张的一伙人，就是这一类人的实例。他们都是不受权力支配的个体。

而我，也成了这一类人中的一员。

心法四

处在什么位置上至关重要

——关于定位

我是做系统开发的。

在因特网行业里工作的人分为两种，一种负责内容，一种开发系统。

只要先把 2ch 网站和 Niconico 动画那样的系统弄出来，之后就会有各种内容不请自来地找上门来。

从公司的职务来说，我担任董事的场合比较多，不过在跟人介绍时常常被冠以“管理人”的头衔。这种称呼更加吻合我的工作。

拿公寓楼的管理人打个比方，基本上就算管理人不在，公寓楼也会一切照常运营。只有在出了大事儿的时候，才需要管理人出动去解决问题。

我觉得这种状态对我来说是最好不过的了。

因为这样很轻松，而且光在旁边看着就觉得有趣，所以我总是争取去干这种差事。

在谈话节目当中，我也常常是作为提问题的那一方。

我把负责讲一些有趣内容的任务全权交给对方，而自己就承担起搭建抛砖引玉的谈话架构的任务。

自己的位置在哪儿？自己站在一个什么样的立场上？接下来我就来谈谈这个话题。

搭好“台子”好唱戏

首先，我认为对任何事情来说“场所”都非常重要。

日本有着丰饶的大自然，夏天和冬天的天气也不至于太恶劣。

于是在日本就产生了非常松散的宗教观，人们信奉各种不同的神灵，种类数不胜数。

就算不把先人们的教诲传承下来，身边也有很多可供食用的动植物，气候温和，适宜居住。

这种对比放在企业之间来看也是一样的。竞争激烈的行业的业务制度会更为严苛，而竞争越少的行业，行规就会越松散。

与其去考虑一个人的性格是严厉还是柔和，不如去问问他生活的环境是严酷还是宽松，这样能让你更快地得到答案。

从这个意义上来说，我总是看重“场所”，尤其是“这个人处在一个什么位置上”。

而且，我想让自己处在能为对方提供位置的立场上。

“民主化”指的是那些原本只有通过特权才能获得的东西被广泛地普及开来。

通过因特网，各种各样的事物实现了民主化。不过，其中最具代表的应该是“视频影像”吧。

电视台曾经依仗《电波法》这样的法律，独占了“制作及播放影像”的特权。现在却是谁都可以简简单单地光拿着个智能手机就能拍视频，然后进行编辑并上传到视频网站上了。

还有一些诸如“在 YouTube 上发表自创的有趣的广告片，奖金 20 万日元”这样的活动，社会上一般的网络用户都竞相打磨自己制作视频的技巧去参赛。

“只要有能展现才能的地方，人就会行动起来。”

也许先理解人的这种心理会比较好。

这就好比只要有操场和一个球，人们就会自然而然地玩起类似足球比赛之类的游戏一样。

在影像视频网站，那些业余爱好者们也可以制作视频并发布。他们按照自己的喜好对作品进行打磨，和电视台的专业人士之间的差距逐步减小。现在 YouTube 网站上诞生了很多知名的视频制作人。

只要有“不能侵犯版权”的制度存在，那么就会有人想着“弄一个能听出原曲是什么的高仿版本”或是“模仿名人的言行来逗逗乐子”。有着趣味点子的人会接连不断地制作出各种视频来。

如果在自由广场上贴上“禁止玩球类游戏”的告示，那么就会有人在地上画个圈，然后在这个圈里面玩相扑游戏，或是有人会把飞碟拿到广场上玩儿。各种各样的主意会层出不穷。

这一切的出发点在于，有一个能供人活动的“场所”。

我把向网络用户提供“活动的场所”发展成了我

的业务。

在前面的内容中我曾经提到过，一旦能让原本没有价值的东西显得有价值，就能赚到钱。

关键是不要让对方察觉。

拿超市来打个比方，超市进货以后会把商品陈列在货架上。客人们购买商品，超市会从中挣得利润。商品必须得由超市来进货。

而在因特网上，情形却完全不同。

即便没有人“进货”，用户们也会自主地把各种内容作为商品挂在网站上，而别的用户通过浏览内容来实现消费。

虽然免费挂在网上的东西都是不花钱就能看，不过因为这些内容能够吸引很多用户登录网站，广告业务就随之产生。网络管理者们几乎什么都不做也能挣到钱。

2ch和Niconico动画网站，说实话这两个网站的管理并没有什么过人之处。只是在这两个网站上汇集一堂的各种内容都太优秀了。

那么，你平时经常会看哪个网站呢？

也许是 Cookpad[1]，也许是 Mercari[2] 或是美食口碑网站，在本质上其实都没有什么不同。

并不是这些网站自身有价值，而是在这些网站上免费汇集的各种内容信息具有价值。人们往往会想当然地以为是这些网站有多么了不起。

对于用户们在网络上发表的各种言论是否具有价值一事，社会上有着很多的看法和争论。

“比起 2ch 上的那些留言，新闻记者写的稿子更有价值。”

我们的网站经常会被人拿来做这样的比较。

不过，只要是对谁都开放的场所，新闻记者也可以在 2ch 网站上直接留言发表意见。作为使用网络的人，自己需要有甄别谎言的能力，这已然是不可避免的趋势。

站在全局看问题

我干的大部分的工作，差不多都是“突击着草草

[1] 日本最大的提供菜谱服务的网站。——译者注

[2] 日本排名第一的跳蚤市场网站。——译者注

完事儿”。

我都不记得最后一次全力以赴地做工作是什么时候的事儿了。

当我必须自己开发程序的时候，或是一边查资料一边写代码的时候，我会非常集中精神。我在干自己非干不可的事情的过程中感受到了快乐。

现在，我主要的工作是做“企划”和“人事架构”，而不是写代码了。

不用自己参与实际操作，只是动动嘴皮子参与讨论，给大家扔下一句“接下来拜托各位啦!”就能完事儿的工作多了起来。

那么，在工作中成为这种定位的“最初的一步”是什么呢?

我就来谈谈自己工作定位发生变化的过程。

首先，作为大前提，我不是一个 IT 评论员。

IT 评论员都不会写代码。这就和棒球评论员并没有在职业棒球队打过球一样，一直做评论员的人和曾经是选手的人是完全不同的两个类型。

只是，在写代码这个领域里，时时刻刻都在激烈竞争的人多的是。

如果要打比方的话，就好比象棋要么追求技艺精湛，要么讲究美的艺术。那些专注于职业领域的人们，在网络上进行着常人无法想象的竞争。

要想在这种地方取胜，可以说我是毫无胜算。这可不是通过自身努力就能有所改变层面的事了。

所以我选择企划和人事架构等工作，去观察业务全局，把自己定位在提出诸如“这样做会更有效率”这样的建议的位置上。

对，这一章的主题就是**“定位”**。

一般而言，社会上那些只想做企划工作的人，大多没有在一线岗位上工作过的经验。就好比想一出是一出的社长那样的人。

在这方面，因为我多少懂一些一线写代码的人的工作内容，所以我不会说什么异想天开、不着调的话。

“这个项目用了 10 台服务器和 10 个工程师，有没有办法能够找到让服务器或是工程师减半的折中方案呢？”

“如果能做到不让用户们察觉应用上有相似的部

分，就能削减 30% 的服务器用量吧。”

我会拿出类似上述建议一样的提案，通过改变项目计划本身的内容来使一线的运作更为轻松，让整体的规划不轻易出错。

不管做一线工作的人怎么抱怨，去说服公司上层改变项目计划，都需要付出很大的成本。处理不好的话，在一线做工作的人还有可能被认为爱惹事儿而被公司裁掉。

因此，站在对公司从上至下都清楚的第三方的位置上，会对自己非常有利。

“能否在工作中找到类似第三方这样的位置？”

我希望大家能把这一点放到自己的工作当中去好好想一想。

假设做基层工作的人满腹怨言，那么试着考虑一下如果自己是管理层，你会怎么做。

或者说，假设你是店长之类的责任人，你想一想在现场的工作当中有没有什么你不知道的地方。

只用做到这些，你也许就能胜人一筹吧。

尤其是涉及技术方面，把现场的情形传达给那些不懂技术的人并让他们理解，绝非易事。

就算是那些没能减少服务器的使用台数、乍看起来会觉得有亏损的项目，也有可能会因为代码清晰化而使得日常维护费用降低；或者就算初期投入费用很高，但在后期追加其他网络服务时，因有足够的服务器数量而使得操作起来更为简单。

尽早地俯瞰项目全局，把这件事情对谁有利讲给对方听并让对方听明白，是件苦差事。

一般遇到这种情况，大多数人都会选择放弃。

在工作中一方面懂得整体的架构，另一方面又能够能说会道地进行交流，处在这样的位置才是好的位置。

现在我来整理一下刚才谈到的内容。

要想在工作中让自己站在第三方的立场，需要考虑以下三个问题。

“了解一线”、“懂得经营管理”和“沟通成本”。

一般而言，进入公司工作以后，最开始会被安排做一些基础的一线工作。

在这里优秀的人会脱颖而出，慢慢地参与到跟公司经营管理有关的工作中去。

这种时候，作为将公司上下层连接起来的中间管理层，会承担付出沟通成本的代价。

很多人会因为做这一类工作而感到身心疲惫。

有人会觉得自己“还是不适合做管理职位”而从公司辞职，也有人会自叹“已经搞不懂基层工作是什么情形”而沦为派不上用场的上司。

不过，我想一个人是否能在社会上获得成功，跟这个人在中层管理职位上的表现息息相关。

出于这个原因，接下来我来谈一谈“如何承担沟通成本”的事情。

要敢于说出真心

所谓沟通成本，如果用一句话来概括，我想可以把它称为“说不该说的话的技巧”。

打个比方，假设你被某个熟人问：“你觉得我的事业会顺利吗？”

在正常思考下感觉“情况不太妙”的时候，你能够做到很好地把你的看法传达给对方吗？

当然，表达的方式取决于说话人的性格。或是含蓄地表达否定的意见，或是直率地吐露真相，交流的技巧应该有多种多样。

顺便提一句，如果是我的话，我一般就会直接说“会失败哟”。

为什么会这么说呢？因为我觉得这才是真正地为对方好。

明明看着前景不妙，却要骗对方说“没问题啊，肯定会顺利发展的”，这才是残忍呢。

社会上的人们都不说真话。

在人与人的交往当中，“不能说真话”的氛围占着主导地位。

在这种形势下，如果出现直言不讳说真话的人会怎样呢？

这种人会一下子就得到自己想要的位置。

当然，他们并不是按自己的喜好信口开河，而是有理有据，一起考虑改善问题的良策。只是不会不负责任地说“肯定会顺利”这句话。

我之所以敢跟人讲真话，是因为我相信“到最后只要好好地道歉就能够让两个人的关系和好如初”。有关这一点，我在前文“事后能否补救”的部分也曾经谈到过。

就算问你问题的人的事业在此之后发展顺利，你也可以通过向他道歉，说上一句“那时候我判断错了，真对不住”来修复你们之间的关系。如果对方听了你的道歉后仍然说一些不中听的话，那么跟这种人不交朋友也罢。

如果事后证明你的判断不正确，到时候你就认真道歉。

只要你敢承担向人道歉的风险，那么任何时候你应该都可以讲出自己的真心话了。

“说真话。如果说错了，事后就好好道歉。”

怎么样？也许没有比这个更简单的技巧了。

我会被邀请参加各种活动或是上电视台的节目，也都只不过是因为我的强项就是“敢说真话”。

敢说真话，敢说别人不敢说的话的人，会被认为是难能可贵的。

我这里有一个反面的例子。

那是我接受某家报社采访时的事儿。

在整个采访过程中，我一直都觉得有些不太愉快。

那位记者说出的每一句话里都带着一股“老子天下第一”的气势。

他心里认为“自己是被大报社这样的知名媒体钦定的记者”，这种看法从他的言语和态度当中流露了出来。

像这样的人，是没办法把自己定位在“第三方”的位置上的。

他们不会从别人的角度去审视自己，这种人一旦失去公司头衔带来的光环，就会连工作都不知道怎么做了。

另一方面，那些不用依靠公司背景也能做到侃侃而谈的人，才是付得起沟通成本的人。能够顺应时代发展的，会是这个类型。

当然，如果认识到自己是个庸才，那么躲在大企业的伞下混日子也是个明智之举。我并不是要否定这种生活方式。

只是，如果是这种情况，就需要提前做好面临失业或是被裁员的风险，得多加小心才是。

善用逆向思维输出观点

“美国人主张自己的观点，日本人会察言观色。”

虽然常常会听到这种话，不过从我自己去海外留学和旅行的经历来看，确实很多时候也是这种感觉。

为什么会是这样的呢?

也许跟人与人之间的距离有些关系。

在日本，人们外出大多会选择电车、公共汽车这些公共交通工具，餐厅里的空间也很狭小，集体公寓楼也很多。人和人之间的距离一旦缩小，自然而然就得顾虑到对方的存在。

在这一点上，与其改变自己思考问题的方式，倒不如改变自己所处的环境。

过不跟他人接触的生活也许会有些效果。出门就骑自行车，或增加步行的时间。

或者远离家人和职场，让自己独处的时间更多一些。

如果不下意识地去这样做，就没办法形成自己的观点。

且说工作的基本内容就是跟人沟通。

跟人见面进行磋商。这是推进工作当中会有的事情吧。

这时候有很重要的一点。说起来简单，就是“无论如何也要拿出自己的意见”。

大家都擅长察言观色，却最怕当众谈自己的想法。我却反其道而行之，开会的时候总是积极地谈自己的观点。

就算说错了我也不会在意。我在心里告诫自己要尽量多地去发言。

拿出自己的观点会有一个好处，那就是“具体实施的工作不会被派到自己的头上”。

那些在开会的时候一言未发的人，会从心理上觉得“我啥也没说，那我就来负责干吧”，于是举手主动请缨。看看，主动发表自己的观点还能让你有这样的好处。

“任何时候都是输出观点的人更有优势。”

也许大家记住这一点会比较好。

不要光坐那儿听别人发表意见，然后去干那些谁都干得了的工作。这种人是属于遇到问题99%都靠努力去解决的类型。

如果你是二十来岁的年轻人，这种类型从战略上来说是正确的。

二十来岁是通过做一线的基础工作来吸收和积累的阶段，应该尽量多做一些这样的工作。

不过，在心里要有一股“以后我也要站到更高的位置上去”的不服输的劲儿。如果不这样做，通过努力来解决问题的人会随着年龄的增长而渐渐变得对工作力不从心。

因为能不出纰漏地处理各种各样事务的人，自然会有很多工作找上门来，工作量会大大增加。

而且，不经意间职场上会出现能代替自己干这些工作的人。

自己能否成为输出观点的人，关键看下面这一点。

“你是否能够用逆向思维去考虑问题？”

一般情况下，人们都只会按照常识去循规蹈矩地思考问题。

让我们拿面试工作的情景来打个比方。

如果想要通过资格证书来展示自己，一般的人会考虑先将会计和英语之类的证书拿到手；若是参加出版社的面试，会回答“手触摸纸张的感觉非常美妙”之类约定俗成的话。

会这样做的人就是循规蹈矩型的思维方式。

逆向思维的人跟他们不一样。

“我是个男生，不过我有秘书资格的一级证书。”

“我觉得纸张出版的时代已经结束了。”

能说出这种话的人，便是具有逆向思维能力的人。

社会上的人们真的都只说相同的话。在这种形势下，只要从稍微不同的角度说出你自己的想法，就能一下子从众人中脱颖而出。

当然，没有必要凡事都为了求个不同而摆出一副冷嘲热讽的面孔。不过，就算只停留在自己大脑里思考的阶段，养成逆向思维的习惯也会比较好。

尽量做到试着把自己的想法说出来，说之前用“如果反过来做会怎样呢”来做个铺垫。要尝试着去表达。

用这种方法去不断地积累，你一定会建立起只属于你自己的地位。

修炼一项辅助技能

让我们接着谈在公司找到自己位置的话题。

我之所以将自己定位在系统工程师和经营管理层之间，原因是经营管理层的人员不懂系统操作。

如果是位懂系统开发的优秀的经营者，那么就算没有我的加入也能直接跟工程师们对话。

然而这种情况却不常有。

即便是从基层一路打拼上来的经营者，很多时候也会因为跟不上时代的变化，而出现跟下面的员工交流不顺畅的情况。

所以，这就需要“翻译”人员来帮助双方传递信息了。

但如果仅仅是个翻译的话，问题一旦解决，自己也就没有继续存在的必要了。所以在帮助双方沟通时，自己首先还要有一个优化全局的观念。

要想和我达到完全一样的位置，老实说会很难。

读了经营管理者的书，也不能保证你做同样的事业就会取得成功。

不过，我们能从中学到态度。

尽量不要让自己被职业所限。自己做的事情一旦成为一种职业，那么就会有很多人涌进这个行业来，竞争无可避免。

要让自己担负着多种职责，多到会被人问“您是做哪一行的?”最好不过。

坚持做下去，你就能在自己的头衔上加上“高级”或是“主创”之类的名号了。

在电脑开发等相关领域里，既能正儿八经地自己写程序来搞系统设计，又对公司经营有决定权的人，在日本并不多见。

在美国，微软的比尔·盖茨先生，作为一名工程师来说，他也是相当优秀的。

在日本,GREE 株式会社[1]的田中良和[2]先生会自己编程。

在业界被称作“Kensu”的古川健介[3]先生和创立

---

❶ 日本的一家提供社交网络服务（SNS）的公司。——译者注

❷ “GREE”社交网络软件的开发者，创立了 GREE 株式会社并担任社长。——译者注

❸ 日本一家名为“nanapi”的、提供生活信息网络服务的公司的创业者。——译者注

了多玩国公司的川上量生先生，他们俩也会编程。

“让自己具备能在实际工作中派得上用场的辅助技能。”

对我来说，编程就是我的辅助技能。

如果把这个作为我的主业，最终我也就不过是一名程序员。

而我把解决问题作为自己的主业。我会结合实际发生的状况，去考虑该如何做才能处理工作中出现的难题。

怎样让眼前怒气冲天的中年大叔消消气儿，怎样做程序的设计，诸如此类的大大小小的事情，我都会去解决。

从某种意义上来说就是在处理麻烦事儿，虽然这种说法也许会造成负面的印象。

不过，因为自己也能够去设定需要解决的是什么问题，所以要想达成目标并不费什么力气。

像这样主要技能（宏观经营的观点）和辅助技能（细微地观察现场工作的观点）两者兼备，结合起来便会成为自己的优势所在。

我从小学的时候就开始自己写程序。

因为跟在网络上使用的计算机语言稍有不同，所以我在创立 2ch 网站的时候，又从头重新学习了编程。不过因为在还是小学生的时候我就明白了“怎样让电脑运转起来”的概念，因此长大后再学，就掌握得非常快。

要是有人想靠拉小提琴来谋生，那他如果不在九岁之前开始学，这条路就比较难了。不过，若只是想有个偶尔在哪儿拉个琴挣点儿零花钱的水平，那从几岁开始学都无所谓了。

让自己具备能以其为核心去发挥才能的辅助技能。

即便语言不通也能开展工作的辅助技能最为理想。

比方说，虽然我不会说德语，但如果进了德国的公司做编程的工作，一定程度上我也自信不会出问题。只要看编程语言，基本上就明白了系统的运作，知道自己该做什么才好。

会拉小提琴的人，也会有在海外大展拳脚的机会。

在本书前面的章节我曾经说过，我在海外留学期间意识到自己能够依靠编程的技能活下去。这件事儿对我意义重大。

拥有能够跨越语言障碍的技能，会让人自信满满。

而且，自己是否真的适合在日本发展，也只有离开日本以后才会弄明白。

让自己拥有辅助技能，也能够拓宽人生的可能性。

只有有了这个，再去继续你的主要技能，才会取得立竿见影的效果。

那些对一线的基层工作一窍不通的人，不管他们说多少好听的话，谁也不会跟着他们行动起来。

这种事情也使得找准定位非常重要。

了解你的市场

我在前文中讲过辅助技能要跨越语言的障碍。不过如果只考虑日本国内的市场，那么系统开发的技能性和卓越性就没那么重要了。

差不多就行。

说句比较极端的话，只要受欢迎就可以。

我来说明一下是怎么回事。

在日本，商品形象是影响人们选择商品的一个重要因素，形象广告打得好会取得事半功倍的效果。

跟其他国家的人交谈时，我很少会问对方“现在流行什么啊?”这个问题。

问美国人“现在美国流行什么啊?”简直是毫无意义。

美国是个有着各种各样种族的国家。

有从墨西哥来的移民，也有信奉基督教或伊斯兰教的信徒，中国人也很多，总之就是形形色色。

在此顺便提一句，在美国的音乐流派当中最受人欢迎的当数“乡村音乐”。但因为日本人基本上不听这一类音乐，所以对日本人来说，乡村音乐几乎相当于不存在。

日本人觉得美国人都在听那种“谁都会听的大众流行音乐”，而事实上听流行音乐的人在美国却属于小众。

各种事物的种类以及受众都像这样做到了市场细分化。

在美国能打电视广告喊大家都来看的，也就只有超级碗的比赛了。除此之外大家都各看各的，各自有自己的社交圈子。

因此，在美国没有能将信息高效地传递给全部国民的有效方式。

因为每个人的生活、所处的环境和考虑问题的方式都大不相同，所以如果给全员同样的信息，结果只会导致谁都没有听进去。

而日本的情形却大不相同。

日本的做法是启用知名度高的明星，在电视上大打广告，或是将广告在网络媒体上反复播放，通过这些方式就能吸引到大量的用户。

虽然有人说网络上的广告只对特定的一小部分的受众起作用，不过目前看来大众媒体的影响力还是很大。

只要正常地花钱打广告，一般的日本人就都能看到。

“在网上看新闻，也就看 Gunosy 或者 SmartNews[1] 啰！”

大家都隐隐约约听到过与之相似的话。从旁人的话里获取信息，自己也有意无意地就用起来，像这样慢慢普及开来的现象非常多。

---

[1] Gunosy 和 SmartNews 均为日本的手机新闻应用软件。——译者注

日本是一个容易实现共通化的国家。

因此，如果是在日本做生意，虽然业务种类有所差别，不过只要大致设想一下普通日本人的情形，就能把信息传递到 1 亿日本人手中。

“把 1 亿日本人当作一个整体来对待。”

对于社会均质化的这个特点，虽然有很多批判意见，不过优势也不少。

日本是一个由 1 亿人口构成的带有乡村社会特质的罕见的国家。我认为这 1 亿人里有 6000 万左右都紧跟着网络上的各种流行趋势。

而在美国，人口虽有 3 亿，却被分成非常多的群体。

在美国的战略就是开发出优秀的系统，再用系统的便利性去一点点地开拓市场，除此之外别无他法。

只要系统用起来方便，英国人也会开始使用，那么就有可能扩展到世界上所有使用英语的国家去。谷歌公司就算没花广告宣传费做网站业务的宣传，却也随着世界范围内使用人数的逐步增长而在全球普及开来。

英语圈目标客户的规模有 20 亿人之多。

如果以他们为目标客户，那么与其在一个国家大搞广告宣传，不如打造出好的产品再慢慢将其推广开去。这种做法会更有效率。

在日本，比起开发出优秀的系统，被大家熟知的系统更为重要。因此打广告的方式会取得好的效果。

因此，开发系统的工程师得不到重用，广告代理商的力量却不容小觑。

优秀的工程师们接二连三地转战海外。日本成了一个对生意人来说很好混日子的安逸的国家。

在这里我要提一句，如果你有过硬的辅助技能，跨界发展也是有可能的。

最近在娱乐轻小说界里的畅销书作家，有很多都是以前写成人小说的。

整体来说，那些曾经写成人小说的人，一旦成人小说卖不动了，他们便转到轻小说这一行，并且获得了成功。

就算某个行业势头衰败，优秀的人会立马跳到其他行业去，靠自身的能力在其他行业也能够崭露头角。

写《魔法少女小圆》[1]的作家虚渊玄先生以前就是写成人小说的。新海诚[2]先生也曾经给成人电影拍过开场视频。

自己需不需要换一个行业。有一点能帮你看清现状。

那就是你的行业里是否存在两极分化的现象。如果两极分化到了非常严重的地步，也就到了这个行业走向衰败的时候了。

如果处于上游的人垄断了行业，就会有很多的新人虽然有才干却接不到工作。慢慢地入这一行的新人越来越少，他们转到其他行业，朝着最好的目标去打拼。

新闻记者纷纷跳槽去做网络媒体也是这种情况。《朝日新闻》《读卖新闻》还算勉强支撑撑着，《每日新闻》和《产经新闻》已然是很糟糕的境况了吧。

如果自己有站在行业顶端的自信，那么即便在衰败的夕阳产业，你也能有办法干出点儿事业来。

---

❶ 是一部唯一同时获得日本动画指标性三大奖的电视动画片。——译者注

❷ 日本动画导演、编剧、漫画作家。——译者注

如果你面临整个行业都遭到淘汰这种事儿，只要你自己有技能，就能转换到其他行业去。

这也说明了人不管从什么时候开始，让自己有辅助技能傍身，对它时时加以打磨，是有百利而无一害的。

与众不同的人会胜出

让我们以自己有辅助技能为前提，再回到“定位”的话题上来。

不管到了什么样的时代，都是由人去选择人。

这一点绝不会改变。

你觉得公司挑选人员的标准是什么呢？

是客观意义上“优秀的人”吗？

也就是在刚才的小节中提到的有关辅助技能的话题。

不过，大多数人都只考虑技能的事儿。所以，各种有关行业资格或是英语会话之类的教材才会永远都有市场。

选人的标准，并不是看这个人有多么优秀。

而是看这个人“是否有趣”。

如果是个有意思的人，一起工作起来会很开心。

一个人优不优秀，不实际工作一番，谁也不知道。就算这人在以前的公司里干得相当不错，换一个公司也有可能会出现不合拍的情况。

据说，有趣的人慢慢变得无趣，差不多也得花个十年左右的时间。

也偶尔会有原本无趣的人却突然变得有趣起来。试着观察一下那种突然爆红的演艺圈人士，就会明白这种状况。

就算是把人招进公司以后才发现没什么才能，不过只要这人性格开朗又有趣，那么大家也都能接受。

很难用语言去描述什么样的人算得上“有趣”。也许换个说法，说“这人和一般人不太一样”会比较接近原本的意思。

也许可以说，他们是那种被提问时不用惯常的理所当然的答案作答，而是能说出和设想稍有不同的答案的人吧。

顺便提一下，我就曾经仅仅因为来面试的人的姓氏很有趣而把他招进了公司。那个人姓鬼丸。

并不需要每个人都像关西的搞笑艺人那般滑稽有趣。

只要无意中多多少少跟别人不一样就足够了。

在美国的教育方针里有一条是“让自己与众不同”。

他们建议每个人都要有跟别人不一样的地方。

日语里“与众不同”这个词，也许会让人产生“有幽默感”这个印象，但其实这个词原本的意思不是这样的。

它带有“跟其他人稍微不一样”的含义。

有的人会牵强地显示个性以建立自己的“人设”。虽然这种做法会让旁人不好接受，不过总比完全没有个性的人还是好一些。

昭和时代是一个把看起来并无二致的人大量召集起来，在工厂里制造商品的时代。

现如今这个时代已经完全终结。

有创造性的工作才会产生更高的利润率，才不会被时代所淘汰。

不过，一旦要想出个什么创意，开发个什么产品，现在的人们还是很容易就跟旁人的想法一模一样。

而且有人气的工作会有很多类似的人来应聘。所以如果没有什么与众不同之处，就很难从众人中脱颖而出。

面试时被问到兴趣爱好，要是只能做出诸如“钓鱼”“棒球”之类的普普通通的回答，对方也只会发出一声“哦”就结束谈话。

偶尔说点儿一般人觉得没什么价值的事儿才好。

比方说，有人 20 年来一直将自己剪的指甲保存着。跟人第一次打交道的时候虽然不会说起这种事儿，不过，如果是在面试的场合深挖一下这种素材，应该会有出乎意料的效果。

所谓“怪人”，都是那些自己认为自己再普通不过的人。

他的某个自己没察觉到的地方被旁人指出来以后，才开始变得明显。

“我跟别人不一样的地方是什么呢？”

也没必要把这个问题想得太难。只要有让人觉得多少有些在意的地方就足够了。

日本仅有一位专门写电梯博客的作家。听说他正在搜寻世界上较为少见的“会转弯的电梯”，并且去实地考察，拍了很多照片。

没有谁能够被人强迫而去喜欢会转弯的电梯。他应该是自己无意中对会转弯的电梯产生了兴趣，在调查的过程中变得越来越着迷才对。

除此之外还有下面这样的人。

“我喜欢台湾街头鳞次栉比的窗台的风景。”

“我在收集各地街头摆放的成人用品自动售货机里的产品。”

他们对这些事情都是单纯地觉得有趣，并非刻意努力去做。既没有跟他人做比较的意义，也跟会不会得到他人的夸赞没有半点儿关系。

这种人只是按照自己的想法给自己做的事情赋予意义，然后追求自己喜欢的事情罢了。他们正是付出1% 努力的人，是我在本书的后半部分要讲述的“不干活儿的蚂蚁”的现实例子。

如果你没有这种想要追求的东西，那么我还有另外一个建议。

一般来说，只要活着就会碰到那种“需要在很多人当中选一人来做的事情”吧。比方说在学校里选学生会主席，在公司里大家聚会喝酒时选一个人来当主持人。

这种很多人当中只能由一人来担任的职务，作为一个特殊的岗位，给人带来好处的可能性会很大。

所以，不用考虑过多之后的事情，举手自荐就好了。

“遇到有特殊岗位的时候要毛遂自荐。”

我从很小的时候就开始这样做了。

上小学四年级的时候，我加入了学生会。这事儿也是我自己不假思索地就举手推荐了自己。

这样做纯粹是出于好奇，觉得学生会是一个我没见识过的世界。

选班级委员的时候我也举了手，不过后来不知道什么原因我被撤了职。那时候我上学迟到的次数确实太多了。

就算如此，第三学期的时候我又一次举荐了自己，在一个学年里当了两回班级委员，是很难得的经历。

我并不清楚自己从这件事情当中直接获得了什么。

不过，我从中体会到即便在不考虑未来的情形下，只是为了满足自己的好奇心而有所行动，之后也总有法子来应对可能出现的状况。这种体验对我来说是一个很大的收获。

我现在仍然沿用这种考虑问题的方法。

在美国坐飞机的时候，偶尔会出现这种情况，即由于机票预售时出现了双重订票，航空公司表示会承担酒店住宿费用，需要有乘客主动放弃当次航班以免超载。

从系统管理上来说，双重订票这种现象是航空公司故意造成的。

因为他们差不多知道会有百分之几的机票取消率，所以多多地接受机票预订，想尽可能地把飞机上的座位都填满。与其让座位空着，不如多卖票，只有在出现双重订票的情况下用上述的方法花钱解决。整体来说航空公司是划算的。

我觉得这种票务结构挺好的。

遇到这种情况，我一般都会举手。这样一来，航空公司为我准备的机票，升成商务舱的可能性会比较大。这之外还会有很多优惠券，能够在酒店里悠然自得地免费住上一天，何乐而不为呢。

还有一些其他的例子。

曾经有一个因为要重新开发而计划被拆迁的公寓楼，我特意搬到那里去住。因为我知道几年以后住户们会拿到补偿金。当时的房租每个月只要 3 万日元，但被强行要求搬出去的时候我却拿到了 20 万日元的补偿。

虽然事后也许会有些麻烦的手续要办，但是你的经验决定了在机会面前你是否能条件反射般地去主动请缨。

在本章中，我们从位置的重要性谈到了关于“定位”的话题。

因为我在公司里担任董事职务的场合比较多，有些事情是因为我站在这种立场上才做到的。不过我尽量把话讲得让大家在实践中能有所借鉴。

这不仅仅是因为我的特殊职位。在和其他公司的人一起做项目的时候，我也会让人觉得“把需要实际操作的工作交给西村先生，他应该不会按期完成吧”。能够给人留下这么一个印象，也是一个重要的原因。

对，就是这样，不知为何我的人生总是最终会“占到便宜”。

心法五

最终受益的人不一定最努力

——关于努力

“腾出一只手来等待机会的到来。”

“正巧被我碰上了好机会，所以干得不错。”

如果有人告诉你这就是成功的秘诀，你会觉得怎样？

听了这话，会不会觉得挺残酷？

不过，就算是打工做兼职，也都是些不近情理的事情。

比起兢兢业业干了5个小时工作的人，那些拖拖拉拉干了10个小时的人却能拿两倍的工资。即使认真工作的人每个小时能多挣一百日元，也还是没有干的时间长的人挣得多。

努力有时很难得到回报。

不过话虽这样说，谁也没办法做到放弃一切，什么也不做地待在家里混日子。

我们应该开动自己的脑筋。每个人的人生里，都会有一些重要的时刻让你意识到“我该在这儿加把劲儿”了。

听起来虽然很抽象，不过接下来我就跟大家具体谈一谈“精准努力”的具体内容。

用精准努力提高成功率

用最小的努力来获得最大的成果，这是一个人的生产力。

不管在过程中多么努力，重要的是看“结果”如何。我在做事情的时候，会去考虑怎样才能拿出成果，并让自己成为最终受益的人。

为了说明这一点，我通常会讲下面这个故事。

你们听说过这样一个叫“抢凳子”的游戏吗？

各队之间会争抢凳子，通过争抢到的凳子数量来确定哪个队第一名，然后从这个队当中选出一个人来当头儿。

于是，就有了下面这个游戏结果。

第一名　苹果队　　223 个凳子

第二名　南瓜队　　70 个凳子

第三名　洋葱队　　55 个凳子

第四名　茄子队　　51 个凳子

第五名　西瓜队　　35 个凳子

第六名　白菜队　　15 个凳子

第七名　胡萝卜队　15 个凳子

第八名　香菇队　　15 个凳子

苹果队当上了第一名，得从苹果队当中选人来当头儿。

然而，第二名到第七名的队伍提议说“我们合起来就是蔬菜队”，并且成立了蔬菜队。

$70 + 55 + 51 + 35 + 15 + 15 = 241$

这样蔬菜队的席位就超过了苹果队，成了第一名。

第一名　蔬菜队　241 个凳子

第二名　苹果队　223 个凳子

第三名　香菇队　15 个凳子

接下来轮到从蔬菜队中选头儿了的时候了。正准备合并之前从凳子数最多的南瓜队当中选人，结果问题就出现了。

西瓜队提出了“因为也有人认为西瓜是水果，所以我们也可以跟苹果队组队”的意见。

如果西瓜队从蔬菜队里退出，去跟苹果队组成水果队的话，蔬菜队就沦为第二名了。

第一名　水果队　258 个凳子

第二名　蔬菜队　206 个凳子

“所以我们要跟让我们当头儿的队伍组队！”

于是，蔬菜队只好听从西瓜队的想法，由西瓜队推选一人来当头儿。

最终头儿就从原本是第五名的队伍当中产生了。

看了这个故事，你觉得怎样？

也许你会觉得是个挺荒诞的故事吧。不过，日本新党的细川护熙在 1993 年当选为日本首相，当选的过程就跟这个故事如出一辙。

“要想取得最终的胜利，应该怎样做才好呢？”

我会一边瞄准最终目标，一边不停地思考自己该出什么样的招式。

这个抢凳子的故事，就正是能说明“精准努力”的绝好的例子。

我想要过上这种人生。

就算把优秀的程序员从上到下排个名，我也排不到前面去。

我原本就没什么想要工作的劲儿，是喜欢宅在家里的类型，一直都自娱自乐地干着自己爱干的事情。

不过，我干的这些事儿，大多都碰巧比较容易挣到钱。

所以只从结果上来说，我被称为成功人士。

正好当时的时代出现了在因特网上打广告的形式，

并且作为一种业务开始赢利。渐渐地 2ch 网站也有很多广告找上了门。

虽然社会上多的是比我水平高的优秀的程序员，不过因为他们干的活儿不赚钱，所以从结果来看对他们的评价都不高。刚才的故事当中的苹果队或是南瓜队里就都是这样一些人。

一个人在社会上能否赚到钱，会导致人们对他的评价产生变化。

一个人在社会上是被称作“天才”还是“怪人”，取决于这个人展示出来的成果在多大程度上得到社会的认可。

在这儿我想问一个问题。

你知道一种叫作“法式滚球”的运动吗？

法式滚球是主要在法国开展的一种运动，这种运动是在沙地上扔铁球，将铁球滚进被指定的圆圈中心。

就算是谁玩法式滚球的能力超强，在日本靠这个恐怕也很难养活自己吧。

为什么这么说呢？因为法式滚球这项运动在日本没发展成一种事业。

就算一个人拥有绝对的实力，但社会上是否存在对这种能力进行评价的体系，会影响到这个人是成为天才还是怪人。

假设一个人不是在法式滚球而是在棒球方面具有高超的能力，在日本当然就能以此为生。这是因为棒球这项竞技运动具备了商业运作的架构。

对初中和高中男生来说，棒球、足球和篮球是非常有人气的体育运动。不过光靠打篮球去谋生的日本人是少之又少。

从这种意义上来说，如果能发挥出同样的体能，那么尽早转行去打棒球或是踢足球，靠这些来谋生的可能性会更高。

像这样一边仔细审视自己的能力，一边适应社会需求的人，在社会上比较容易取得成功，也适合去做一名优秀的公司员工。

在那些认为“我才不管社会上怎么看，我就要一直干这一行”的人当中，也有在坚持干下去的过程中，由于社会需求发生变化而顺利发展的例子。不过，终其一生都怀才不遇的可能性会更大。

能否适应社会需求去发展，非常重要。而且，这跟个人能力的绝对高低又是两码事儿。

以上我讲的这些话，都是在做能获得稳定收入的本职工作时应该考虑的关键点。如果只是把打法式滚球作为兴趣或是自己喜欢的事情的人，就那样坚持下去就好了。

这跟之前内容中谈到的“自己会做的事和自己想做的事”也许有些共通之处。让我们把工作和兴趣分开来进行考虑。

有些事拼了命也不一定能干成

孙正义先生以前在推特上写过这样一句话：“拼了命去做就没有干不成的事情。”对这句话，我曾经非常抵触。

因为我认为像孙先生那样站在管理和指导位置上的人，冲着下面的人大喊“加油”，反而会起适得其反的效果。

在不太久远的过去，日本曾跟美国之间有过一场战争。按照当时的情况，无论从哪方面考虑，日本都没有打赢美国的可能。

石油和弹药的数量、粮食等资源和物资的供给数量都大有不同，军队士兵的人数也不一样。

日本军队明知跟美国实力悬殊，仍然试图通过每一个人的努力去拼一场，结果很多人在战场上丧了命。这正是上层做出的决断，使得无数的普通民众成了牺牲品。

就算下面的士兵再怎么拼命，打不赢的仗仍然还是打不赢。

战略方针是否正确，作战策略是否妥当，人们首先要做的是对此做出判断。

现在，东芝公司等大企业出现了经营衰退的现象。

要问这是东芝公司的员工们个人努力不够吗？事实却并非如此。

就算拿东芝公司和其他企业相比，在一线工作的人们的干劲儿和能力，恐怕也没什么大的差异。

问题出在经营管理层上。

东芝公司由于投资核电站业务出现了亏损并未能及时止损，这一结果导致整体经营变得不堪重负了。

并不是东芝的员工们还努力得不够。

那些一旦进入大组织领导层的人，对一线的工作情况慢慢地变得不甚了解，于是说出“员工们还不够努力”之类的话，把责任推到员工的身上。

然而，毫无疑问这原本是领导层的判断失误才导致的结果。

这句话反过来说也是成立的。

“只要上级做出正确的判断，下属们适当地努努力就能把事儿办好。”

“适当地努努力”这句话也许说得有点儿过。不过只要优秀的经营管理层能够制定出正确的战略，处于末端的员工们按照项目指南上的指示去做就够了。

举个例子，村井智建[1]先生创立的公司作为一家一流企业上市了。

而这家公司的首席财务官却在工作中贪污了 3000 万日元的公款。

最终警察介入调查了这桩案件。总而言之就是这位首席财务官真的是坏透了。

---

[1] 日本实业家，AppBank 公司创立人。——译者注

不过，村井先生将事业押宝在了在 YouTube 网站上开展主播业务。他在 YouTube 上从事各种工作，上传视频、增加员工数量、贩卖商品。从公司上市以来，到现在仍然维持着良好的经营状况。

就算员工当中有不靠谱的大混蛋，只要做领导的人判断正确，什么事儿也都能干成。

然而，追究起某件事情之所以失败的原因，却在很大程度上跟决策者的判断失误有关系。

做高层领导的人有着什么样的考量，描绘着什么样的愿景。

员工们最好要关心一下这些事情。日常关注领导们的言行，若是有机会能直接问一问，也是一个好办法。

为何要这么做呢？因为就算自己一个人再努力，也有可能因为领导的判断失误而使自己的努力都付诸东流。

换句话说，让我们试着观察自己周围的状况。

如果周围有很多认为“领导很优秀，自己就跟着享清福”的人，那么对这种状况多少有些忧患意识会比较好。

有时候得益于好的工作平台，人们往往会做出超出自己实际水平的成果。

如果把这个和自己的实力相混淆，那就是自己的本质有问题了。

只要在心里明白“自己能取得这样的成绩多亏有一个好的平台”就好。

光凭这一点，你就能比周围的人高出一筹。

铃木一郎[1]先生说过：“当你意识到自己是在努力做某件事情的时候，你就已经不可能赢得了那些因为真心喜欢而在做的人了。”我觉得他说的这句话挺对。

比如说，我平常既打游戏，也看电影、漫画。花在娱乐活动上的时间非常多。

哪怕被谁要求“你必须每天看两个小时的电影”，也完全没有任何问题。

不过，如果被要求每天干两个小时织毛衣这样的活儿，大概坚持不到一个星期我就会发疯。

人一旦被要求做自己并不喜欢的事情，就会感觉自己的付出是一种努力。

---

❶ 日本著名职业棒球运动员。——译者注

我喜欢看电影这件事儿，是因为我没觉得自己是在“努力”，而是因为喜欢才去做。这要是拼了全力去勉强自己“努力看电影”的话，就会适得其反，变得讨厌起电影来。如果变成那样，我肯定比不过那些真正喜欢电影的人。

拿企业来举个例子，假设一个公司是员工们不努力，业务就运转不起来，另一个公司是员工们成天慢悠悠地干工作，业务却运转不误，那么肯定是后者这样的公司会更稳定。

即便是熬个通宵总算是把工作完成了，但要是公司每周都让你这么干，身体肯定吃不消。

所谓工作，基本上是指每个月通过劳动获得薪水，接下来的一个月也同样如此。几十年周而复始地这样干下去。

因为人要从二十来岁一直工作到将近七十岁，所以不让自己过度劳累，能够持续工作很多年，才是大事儿。

拼了命地去努力工作，熬通宵成了家常便饭的话，说不定什么时候你就倒下去了。

就算是年轻人也会得抑郁症。

如果是自己心甘情愿这么拼命也行。在电视台和广告代理行业中，对自己的工作喜欢得不得了，工作连轴转十多个小时都不闭眼休息的人比比皆是。

他们是因为喜欢而按照自己的意愿在工作，所以完全没有问题。

不过，如果是被别的人说“因为我在干，所以你小子也得给我干”而被迫这样工作的话，那就有点儿不一样了。

“不要把努力强加于人。”

虽然有类似“成功的人理所当然都在努力”这样的神话，不过问题在于旁人如何看待他们是否在努力。

跟与我同年代的人相比，我大概算是过着相对比较幸福的日子。虽然我觉得我是个成功人士，但我不记得自己曾经非常努力过。

只要让别人觉得你是付出了努力的就行。

在我当学生的时候，我非常认真地琢磨过，要想成功，只能靠拿到一项专利并做到一炮打响。若论躺着睡觉也能挣钱的招数，我只想到了专利。

光听那些靠专利获得成功的例子，会发现基本上都是一些有着奇奇怪怪想法的人偶然灵光一闪想出来的东西。

这些人会广撒网，从中搜寻关键点，然后把精力仅仅专注于有可能会成功的事物上。而且，如果真的做成功了，事后便把成功说成是“自己努力的结果”。

这可能才是事情的真相。

让我们等待“偶然”的到来。不要逼着别人去努力。光做到这些就能让世界变得幸福得多。

随大溜式的努力该抛掉了

本书日文书名为“1% の努力”（1% 的努力）。这其实是出版社编辑的建议。

虽然我并不是一路拼搏走过来的，也算不上是个天才，但像现在这样也没有把日子混得惨不忍睹。所以当然多少还是努力过的。

我对各种各样的事情都保持兴趣，并且擅长从中甄选出自己会比较容易胜任的工作。

到目前为止，我写的都是跟这种思想的根源相关的内容。

接下来我就来谈一谈有关“1% 的努力”的本质。

在虚拟货币出现泡沫经济以前就买了虚拟货币的那些人，说实话他们压根儿就没有努力过。

他们只是无意中投资买了些虚拟货币，再碰巧高价卖了出去，过程中不需要他们为此付出任何努力。

在成就某件事情的时候，人们往往认为一个人努力的过程是绝对必要的。不过，这其实跟碰巧生下来就是日本人，毫无疑问会比出生在索马里的人过日子过得轻松的道理一样，人通过努力能够改变的部分，实际上非常有限。

如果我们的社会是靠人的努力一切都能得以改变的“有努力就有回报的社会”，那么一定早就有更多优秀的人涌现出来，将日本变为一个更好的状态。

不过，事实并不是这样。

既然如此，又为何会有“只要努力就会成功”这样的神话存在呢？

那是因为社会上存在着极少一部分真正拥有“会努力的才能”的人。

只要具备了这种才能，就能面对所有的竞争、冲破重重的困难，逐渐习惯自己是常胜将军的感觉。

诸如在高考大战中战胜千军万马考上东京大学，或是拿到像律师证或是注册会计师证这样含金量高的资格证书，又或是能够进入在东京证券交易所市场一部上市的大企业工作。

能够做到这样那样的事情，都是因为他们有“会努力的才能”。

而我，就没有这样的才能。

若是没有这种才能，那么不管是再怎么拼命努力，都没办法去硬碰硬地战胜他们。

在你为了完成某件事而去选择你非努力不可的工作岗位的时候，就注定了如果那些稍微努力就能干得不错的人一旦拿出了真本领，你就会很快被他们甩在身后了。

这时候如果你采用跟人正面较量的方法，就如同让你去参加 100 米让步赛[1]一样，是绝对不可能赢得了的。

因此，你该去找对自己来说不用太费劲就能出成

---

[1] 实力较强的一方赛前让给实力较弱的一方一些优势再进行比赛的赛制。——译者注

果的工作岗位，这样才会诸事顺利。虽然下面这句话貌似有些自相矛盾的，不过说的也是真理。

“在不需要跟人竞争的地方站稳脚跟。”

比方说，有人会认为只要跟有钱人结婚，就能过上轻松的日子。

这种类型的人会在介绍结婚对象的联谊会上使出浑身解数。

虽然这些人原本的目的是跟有钱人结婚以享清福，不过不知不觉间就会把“为了跟有钱人结婚而做出的努力”用错了地方，变成了一个劲儿地去打扮自己了。

确实，从概率上来说有一部分人会如愿以偿。不过，大多数的人依然结不了婚。付出的努力变成竹篮打水一场空，什么都没有留下来。

类似这种事情，社会上多的是，数不胜数啊。

我现在运营着一个叫作“4ch”的英文网站。

跟 2ch 网站一样，它的特点也是无须设置用户账号就能登录。

大多数的网站，比如说脸书，都是需要开设用户账号的。如果实行了账号制度，就能够确保自己网站的用户量实现逐个的增加。

世界上有很多想要打造这种服务的公司。

而与之相对，类似谁都能够以匿名的形式在网站上信口开河的服务，却被认为既容易引发纠纷，也没什么意义。

因此，我觉得干这种业务竞争会比较少，自己会有胜算，于是便干了起来。

日本人口减少，意味着使用日语的人口也会减少，而英语圈国家的情况却不一样。

就算从长远来看，也很难想象有朝一日世界上使用英文的人会销声匿迹。因此在使用英语的国家里做提供可以匿名发言的论坛网站，这个业务是可以慢慢悠悠地一直干下去的。

因为只要把业务扩展到一定的规模，那么即便什么都不做，业务也会正常运转，用不着去做什么努力。

我一直都是按照这样的原则去选择自己的工作的。

当你选择了费尽周折去干某件事时，从做出选择的那一刻起，就注定了会有别的什么人把你比下去。

拿刚才举的虚拟货币的例子来说，当世人都觉得虚拟货币这事儿不靠谱的时候就选择对其投资的人成了赢家，而跟在赚了大钱的人后面有样儿学样儿地跟风的人都没能挣到钱。

大多数的业务当中都有和这个例子相似的部分。

当你意识到能赚钱的时候，去做这件事情就已经晚了。

相反，倒是那些看起来没有赚头、谁都没着手去干的领域里，机会比比皆是。

试着把赌注押在这种事情上看一看。虽然我不建议把自己的全部资产拿去碰运气，不过按照就算失败也无大碍的程度，先布下阵脚总是好的吧。

好个性也有用武之处

大家听说过“半休”这个词儿吧。

以前星期六学生们也要去上学，只不过一到中午就放学了。像这种下午放假的情况就被称为“半休”。也许把它叫作“高级星期六”更符合现如今的语言习惯。

我觉得半休这种放假方式挺好，很有日本的特色。

日本通过全员一起逐一解决问题并逐步提高质量的方法实现了经济的增长。在这个过程中，齐心合力的氛围尤为重要。

于是，同事之间“下班以后喝一杯再回家”的这种酒文化，在促进组织内部信息畅通上就发挥了作用，用这种方式将大家拧成一股绳，很多问题都得以解决。

对自己工作能力有自信的人，不用介意公司内部的氛围，按照自己的节奏往前推进工作就行。不过，优秀这种东西是相对的，在一个集体里面，肯定会出现低于平均水平的人。即便是从各个公司的精英中选出一百名来放在一起，排名靠后的人也会掉队。

现如今终身雇佣制的要求变得越来越严苛，社会正在慢慢向如果没有能力就有可能被公司裁掉的方向演变。

不过，有些人虽然能力不够，却能让很多人觉得“有这家伙在，职场氛围就很轻松愉快”。所以把一些责任少的工作交给他们去做，在一个集体当中安排一些这样的员工也是有益处的。

问问自己“我看起来像个好人吗?”

我在其他的书里也曾经写过，谷歌公司会优先录用那些不会影响集体团结的“好人”。因为比起同事之间搞些无谓的竞争导致职场关系冷淡，倒不如内部气氛一片祥和，大家都能气定神闲地工作，会让谷歌公司运转得更好。

你所在的公司，是哪种类型呢?

是单以挣钱为目的聚在一起工作而已，还是作为一个集体，员工们都有集体归属感呢?

我想公司不同，氛围自然也不一样，所以很难说哪一种就一定是正确的。

不过，要是你所在的公司环境跟你个人的预期完全不一样，那可就糟糕透顶了。

如果只想埋头工作的人却被要求去组织公司内部的员工活动，这个人一定会觉得非常痛苦；反之亦然。

那些能够用量化的数字去对人的能力进行评价，并且个人能力和个人业绩能够完全吻合的工作毕竟是少数。

也许大家一起往不用拼尽全力也能把工作干好的

方向摸索一下，会更好吧。

有一个讲广告代理的笑话，说的是有很多人爱拿广告项目吹牛，说“那个项目可是我老人家干的！”，结果把这些吹牛的人加起来一看，人数居然比项目组的人员还要多。

像这种宽松的职场氛围就挺好。

即便我们模仿由头脑聪明的人领着大家一起往前冲的美国式战术，大概我们也战胜不了美国人的团队。

所以，我认为我们既可以通过集体的力量去圆满地解决问题，朝着大家齐心合力的方向使劲儿，也应该保留通过员工的开朗与善良为集体做贡献这种“肉眼看不见的无形”的方式。

好好思量一下自己的角色定位，作为“好人”活下去的道路，也许也是“1% 的努力”的一种方式。

要是每个人脑子里都光想着出人头地、与人竞争这些事情，活着就会喘不过气来。

就像我在书里一直说的那样，去寻找适合你自己的工作方式。弄清自己是努力工作的人，还是不努力工作的人。选择走哪条路都行。

社会夸大了自由意志的作用

社会上到处都洋溢着对“百分百努力”的信仰。

不过，我希望大家都能试着思考一下。

世上的任何事情，敢说“百分百都是靠自己的实力”的事儿，其实非常少。

要么是遗传基因或是环境的影响。

要么是先天或是后天的因素。

为了能幸福地活下去，从上述观点去考虑问题，还是多少有些必要的。

就算一个人是自己下功夫学会讨人欢心，并且找到了恋人，但如果这个人原本就五官端正，那就可以说遗传基因在找对象的事情上也起了作用吧。

像上述例子那样，决定因素不止一个，各种各样的因素相互关联，最终把人生引向了成功。

为了让大家接受这个事实，接下来我谈一谈和这个有关的话题。

首先，大多数的人，都对“自由意志”存在着过分解读。

所谓自由意志，指的是自己清醒地认识到“对，我就要干这事儿”，在此基础上通过努力去实现目标的一种能力。

指导人赚钱或是食疗之类的书籍，都是以人的自由意志正常运作为大前提而编写的。

于是，如果照书上的做法却没赚到钱，或是没瘦身成功，写书的人就能够以“怪你自己意志薄弱”为由来推卸责任。

以升学考试的合格成绩来作为卖点的补习班或者家庭教师们也是如此，最终都能以一句“是你自己努力不够”来收场。

从某种意义上来说，这算得上是最无敌的思考方法了。

那么，到底在多大范围内能真的依靠人的自由意志去改变人生呢？

我一直觉得虽说不是绝对没有，但能被改变的事情少之又少。

比方说，经济状况和自杀率会有关联。像我在本书的序文中写的那样，出生在有钱人家的孩子，能够去好的学校读书。

虽然这些都属于社会学范畴，不过个人的行为，“在某种程度上”是被自身所处的环境所制约的。

这里提到的“某种程度”这个说法是关键所在。

并不是因为父母是医生，所以孩子也会百分百当医生。这一点大家都很清楚。

不过，父母和亲戚们会有意无意地期待孩子也能成为医生。

孩子自己也会从小就不知不觉地产生要当医生的意识。

这些因素一旦对日常的思考产生影响，在考大学的时候，这个孩子就会更有可能去选择医学专业。

即便孩子本人说出“我要当医生”这样的话，持反对意见的人也会很少吧。

跟这种例子相反的例子也是成立的。

如果父母自身过着吊儿郎当的日子，那么孩子会变得乱花钱，放弃读高中或大学的可能性也会比较大。

对于在这种环境下长大的孩子，是绝不能用“都怪你自己不努力”“你这个笨蛋”这样的话，把责任百分百都推到他们身上的。

让我们试着想象一下“造成这种局面也许是环境或者遗传基因的影响”。

“导致出现这种情况的原因是遗传基因还是环境呢？”

自身的努力、遗传基因、环境，这些要素中哪一个都不可能产生百分百的影响。

不过，那些成功的运动员和白手起家创业成功的企业家们，他们身上会带有对“百分百的努力”的执念。

这可真的是不好办。

那些认为自己的成功百分百靠的都是自己实力的人，会把这个想法也强加于人。

他们会在书或博客里写一些热血的话，或者在访谈纪录片里大谈特谈。

媒体也希望他们这么做。

“您成功的秘诀是什么呢？”

“因为我拼命地努力过。”

像这种交流，迄今为止应该被重复过千百回了吧。

像我那样回答“只是个偶然”的话，媒体也不买账，书也写不成。

在这本书里，我给出了“事业顺利纯属偶然”这个观点。不过我也一直在思考，如果稍微改变一下思考问题的方法，哪怕只是 1% 的努力，是否也有可能成为改变人生的诱因呢？

我觉得读者们对此都能够做出适当的判断，所以任由读者们去自行决定。

不管怎样，一旦你认可那些持有“百分百努力”观点的人，那就意味着你也同意把这个观点强加到别人身上。我是想要彻彻底底消除这种观点的。因为这种强加于人的做法，会引起职场当中上司的强权或是过劳死等现象。

此外，对于那些有酒精依赖症或是吸毒上瘾的人，意志力更是派不上用场。

断绝他们的购买途径，让他们去医疗机构接受治疗，为他们创造出康复以后能够回归社会的环境，这些事情都有必要去做。

在第四章里，我讲了关于“定位”的话题。不过千万不要忘了，社会是什么样的，我们又处在怎样的家庭与公司等集体当中，这些都会给我们带来巨大的影响。

遗传基因和生活环境的影响又是怎样的呢？

退后一步去客观地看看自己，不要把什么都怪在自己头上。试着想一想通过“1% 的努力”，能够对自身的什么地方进行改善。

像这样去改变自己的一些惯常思维，人生会变得轻松很多。

假设说我们把自身的缺点都统统归咎于遗传基因上，一边在心里怨恨父母，一边只想着要去改善自己外貌上的各种缺憾。

只要你去做个整形，在脸上动动刀子，也许你就能得到瞬间的心满意足。

不过，你会很快就对脸部其他的地方看不顺眼。慢慢地你会把自己头脑的聪明程度、身体的运动能力等等都怪到父母的头上。

比起整出一张新面孔，倒不如对自己思考问题的方式进行重新塑造。这样才能使更多的人真正地解脱出来。

迷信权威是社会与环境的产物

接下来我们来谈谈该如何去理解环境。

你是一个迷信权威的人吗?

就连提出这个问题的我本人，也会听医生和学者们说的话。也许我也称得上是个迷信权威的人，只是程度不同罢了。

这里有一个判断程度的标准。

那便是:

“你敢挑衅自己的职场前辈吗?”

你敢吗?

那些从学生时代起就从骨子里信仰体育团队精神的人，挑衅前辈这样的事儿他们是想都不会去想的。

其中甚至有些人会觉得对前辈们说的话产生怀疑都是大错特错。

如果你对权威迷信到这种程度，那么老老实实、顺从地活着也是件幸福的事儿。没必要到了现在你再逼着自己去跟别人叫板。我不建议那样的做法。

在社会上存在着一种价值观，说的是同一家公司里先进来的人比后进来的人的地位高，哪怕入职的时间只相差一年。政界当中这种价值观就非常有名。

围绕着一个“副部级”的事务次官职位，官僚们会展开一场官场排位赛。是哪一年进国家机关工作的，是东京大学哪个专业毕业的，这些都是影响排位的重要因素。

即便不是官员，只是在普通的一般企业工作，有能力的人也还是得按照年龄顺序慢慢干上去。

这种现象是受到了过去的社会系统的影响。

过去的日本，家庭的全部财产都由长子继承，二儿子和三儿子理所当然就得靠自己去谋生。在如今的社会里也依然能找到这种习俗的影子。

这就是世人常说的“家父长制度”，不过实施这种社会系统的国家，历来都是“权威主义”至上的。

一旦确立了谁是地位高的人，其他人就会理所当然地跟随他，对他做出的决定也都是无意识地全盘接受。

就算是头脑聪明的三儿子发几句牢骚，长子做出的决定也是绝对不容更改。

实行这种家族制度的国家，在家庭以外的社会当中也会效法此种制度，只是将家庭中的父亲和长子的身份换成公司的老板和上司而已。

因此，在讨论是否有兄弟之前，作为一种社会制度，这个国家里有着什么样的家庭形态，会对一个人的思维方式产生影响。

如果奉行的是“家父长制度”，那么一旦家长说“不让你继承家业”，这个人就被剥夺了一切。

所以不管是什么样的不近情理的事儿，都只有默默承受的份儿。

顺便提一句，在我留学期间，我没有一次感觉到过“前辈说的话不容置疑”这种思维方式的存在。

人人都坚持自己的观点，如果觉得不对就直言不讳地说出来。美国就是这样一种社会氛围。前辈后辈这种关系，在对此不认可的国家里还真不存在。

大陆国家跟岛屿国家也是有区别的。

如果是岛国，那么能获得的食物和需要分配的人数基本上是确定好了的。

如果是陆地国家，则既有可能遭到邻国的袭击，财产被一抢而空，也有在广袤的大地上由很少的人进行大量种植的可能。

一旦有了这种差异，住在岛国的人就会琢磨起策略来，比起努力地去争更多的份额或是生产出更多的食材，倒不如提高自己的地位，让自己成为有“分配决定权”的人。

终极目标就是要成为能决定分配而不被任何人抱怨的人。

也许听起来会让人觉得那是很久以前的事情了。不过近在20多年前，在日本泡沫经济崩溃之前，每个人都遵循着当时的财政部做出的所有决定。

至今仍然有一些地方还残存着这种迷信权威的国民特性。

在美国和中国，经常会冷不丁地冒出一些小小的创业公司跟大企业开始合作的新闻。

这是因为这两个国家都是重视合同的契约型社会。

也许有人会反驳说在日本也是有合同存在的。不过契约型社会是指在利益不对等这种理所当然的前提下双方去建立合作的关系。

因此，在合作过程当中，双方都一直抱有要增加自己的份额的想法，利益并不一致。

双方会以“仅对这一部分达成一致，所以我们就只合作这一部分”的形态来签订合同，之后如果出现了纠纷就交给法院去解决。

而在日本，虽然会出现双方都开始合作了合同还没签，或者没看合同书的具体内容就盖章的情况，不过这都是因为双方是在彼此利害关系一致的前提下开展工作的。

因此，他们不会跟利害关系不一致或是多少觉得不太靠谱的没有名气的公司建立合作。

相反，跟自己确定合作的公司之间就会建立起永远的“同心同德”的关系。

公司是否是大企业或知名企业，会成为在选择合作对象时的一个重要的参考数据。

比尔·盖茨先生成功地让 Windows 系统席卷全球。他所使用的方法跟日本的做法正好完全相反。

当时，IBM 决定往自己公司生产的电脑里安装由微软公司开发的一种名为 MS-DOS 的软件。

这家名为微软、位于西雅图的名不见经传的公司，而且还是个由学生创业的弱小企业，为什么能够跟作为大企业的 IBM 签订合作协议呢？

这是因为他们给 IBM 做的推介展示会非常成功。

他们在会议上演示了实际操作的软件并得到了认可。IBM 公司表示“软件运行得非常不错，非常乐意一起合作”。

如果换作是日本的大企业，就算亲眼看到软件运行正常，也会找些诸如“不敢保证信誉”“没有看得见摸得着的实际业绩”这样莫须有的理由而拒绝签约吧。

因为日本社会是这样一种状况，所以我一直说“与其在小公司里受苦，不如先进大公司体验一番比较好”。

既然社会上的人都迷信权威，那么我们就该去争取有权威性的职位。同样的道理，去高于平均水平的好大学念书也一定会对自身的发展有利。

到这里我谈了一些关于本书的重点“1% 的努力”的内容。那就让我用自己的实际例子来做一个总结。

2009 年，我将 2ch 网站转让了出去。

在网站运营方面，已经基本上没什么需要我来做的事情了，而且论坛系统已经无须任何操作也能正常运行。

试着从 2ch 脱离出来以后，我明白了一件事，那就是“什么都不会改变”。对于论坛上用户发布的内容来说，网站由谁运营、管理人是谁，这些都不重要。

后来，詹姆斯·瓦特金斯（James Watkins）[1] 先生发起了对 2ch 网站的管理权限纷争的诉讼。这场诉讼，在最高法院的审判中我获得了胜诉，现在依然持有 2ch 的商标权。

也许凡事只要有个好结局，其他的一切都可以不用计较了吧。

另外，在前文中我谈到过目前我运营着一个叫作 4ch 的英文匿名论坛。2ch 网站和 4ch 网站没有什么不同，都产生于同一个想法。

如果发生了只有我才能做判断的事情，我便去处理。做 2ch 的时候，有问题警察会找我；而 4ch 呢，就变成是 FBI 找上门来了。

从本质上来说，这两个网站的运营工作都是一样的。

曾经有人问我在其他的语言圈也开展这种业务会怎么样。我觉得作为一种市场，会有存在的可能性。

---

❶ 美国企业家，继本书的作者之后担任 2ch 网站的运营责任人。——译者注

我的一个熟人在西班牙语圈里也弄了一个类似的网站，不过好像广告收入的增长没有起色。像墨西哥那种多语种共存的国家，据说大多数人还是用英语交流。

另外，我还向在法语圈里做同样网站的人询问过他们的情况。

说到法语圈，就能把曾经是法属殖民地的非洲的一部分区域也考虑在内。不过非洲尚未形成网络论坛这种文化。即便拿欧洲本土来说，法语的使用范围也没有那么广。

在博客刚开始兴起的时候，曾经有一个时期全世界 70% 的网络博客使用的语言都是日语。虽说日语圈里只有一亿人口，却也能建立起这样大的市场，所以说开网站仍然是件美差事。

没错儿！即便是把业务做到世界范围，我也会一直都把自己的目标锁定在那些只靠 1% 的努力就能顺风顺水干下去的事情上。

心法六 |

明天能做的事情，今天就绝不要干

——关于工作类型

写程序的时候常常会有一些不可思议的事情发生。写得顺的时候能够不停地写下去，不顺的时候连一个符号都敲不出来。

这时候我会早早地偃旗息鼓上床睡觉。到了第二天，就如同前一天写不出来的烦恼不存在似的，有时候又一下子都写出来了。

干事情不顺的时候趁早放弃，也是“1% 的努力”当中必不可少的要素。若是熬夜苦战把身体给搞坏了，那可就真是鸡飞蛋打，什么都没有了。

我的座右铭是“明天能做的事情，今天就绝不要干”。

只有那些我觉得就算放到第二天自己也不想干的事儿，我才会在当天就去做。

在 2ch 网站处于成长期的时候，我一个星期休息了四天。从第一次高考失利，在家准备第二年高考的那会儿起，我就一直过着这种每天慢慢悠悠过日子的生活。

一个人是否能过我这样的生活，取决于这个人是哪种类型的人。我并不向所有人都推荐我的时间管理方式。

接下来我来谈谈跟适应性有关的话题，来看看读者你是否具备跟我一样的心态。

世上不只有从零开始创造的天才

有很多人都不善于自我分析。

自己不擅长的事情就算拼了命去做，努力也得不到回报。

可是，却偏偏有一些故事却是从“幸存者偏差[1]”

---

[1] 幸存者偏差指的是当获得信息的渠道仅仅来自幸存者时，那么所获得的信息就可能会与实际情况存在偏差。——译者注

的角度来讲述的。

打个比方，假设有 100 个人被送上了战场。

如果只有 1 个人幸存，另外 99 个人都在战场上殒命，那么只有幸存的这一个人能说话，而死去的 99 个人却没办法开口了。

而活着的这个人所说的话，有可能会被当作是为死去的 99 个人代言。错觉就会由此产生。

我们应该想办法去克服这种认识上的误解。

那么，自己适合去做什么呢？又该如何去考虑这个问题呢？

虽然我是重视逻辑的人，不过在这里也有必要谈一谈那些不讲究逻辑的人的事情。要谈这个话题，划分类型的观点就会变得重要起来。本章节的主题就是谈**“类型”**。

逻辑固然很重要，但什么事情都按逻辑来办，就有可能发生“缩小再生产”的现象。

“别的电视台做这个节目收视率很高，所以我们也来搞个相同的策划案。”

如果电视台做这样的事情，电视上就会出现一大堆类似的节目一股脑地儿出来乱战，导致缩小再生产现象的产生。

因此，凡事仅仅依靠逻辑结构来运作的话，世界就会变得了无生趣。

于是那些有着奇思妙想的狂人们的存在就非常有必要。就像史蒂夫·乔布斯那样，能够超越逻辑，跳过若干步骤而一飞冲天的人。

如果你的身边有那样的人，我认为跟着他干是有益处的。虽然有可能你会中途退却，又或许你会消耗很大，不过作为一个可期待的机会来说，是有跟进的价值的。

因此，对于开发网络服务的新内容的部分，我不喜欢光从逻辑去进行设计。不过，我成不了天才。每当我看到那些能够把别人想不到的点子付诸实践的人，就会感到自己绝不是那块料。

我喜欢把他人的观点用自己的话去进行阐述，从他人的观点当中找到能够进一步拓展的地方，或是指出其中需要改进的地方。这些事情都是我所擅长的。

回顾自己人生的时候，我发现比我有着更有趣的想法的人大有人在。

不过，结果却是像我这样的人在做着企划的工作。

那些能够想出有趣的点子的人，一旦有了必须要守护的东西，就会突然变得无趣起来。有了恋人，或是成了家，又或是在公司里出人头地，这些情况都会使一个天才泯灭。

过了四十岁再来环顾自己的周围，你会发现尽是些已经不再有意思的人。

注重逻辑的人有一种取胜的方法。

那就是把大量的时间花在电影、游戏等娱乐项目上。如果没办法以质取胜，那就只好彻底地在量上下功夫。

假设连着花十个小时的时间看漫画，也许有人会觉得“啊，我居然浪费了十个小时！”，不过我却不这么认为。

“我花了十个小时学习了跟娱乐产业相关的知识！”

我会这样去想。

在看电影和玩游戏上，我比其他任何人都做得多。所以，我手里能打出各种不同的牌。

根据你思考问题的方式，就能使你做的事情成为你打拼事业的武器。

在前面的章节中我谈到了 2ch 网站是模仿一个叫作“AMEZO”的网络论坛而产生的。

Niconico 动画网站的产生，也是由于当时一位多玩国公司的员工。他曾经开发过 YouTube 的评论栏功能，所以我不过是套用了他的原创。

这两项事业，哪一个都不需要从零开始去创造想法的能力。

不过，因为这些年我积累了很多与娱乐产业相关的知识，所以我能够给出诸如“啊，那个点子有点儿意思。如果这样做的话也许会发挥得更好”之类的建议。

那些从零开始创造的人，他们有可能会想出有意思的点子；但与之相反的是，他们也会有对自己的想法比较偏执的倾向。

“因为是我想出来的点子，毫无疑问会很有趣。”他们大多都是如此这般自信满满。

因此，像我这样能够客观地发表意见的人自然会受到重视。

并不是一味地唯命是从，而是将自己的想法和盘托出，在交流中争取到对方认可的人，之后会变得轻松很多。

我在出版图书的时候也是同样的情形。

“请写一些您想写的东西。”

如果被人这样要求，那我便什么都写不出来。

不过，如果主编能先想出一些点子给我，比如说“想把博之先生的这个观点传达给读者”，我就可以针对主编想出来的点子一点点地添砖加瓦。

我将做工作的人分为下面三类。

1. 从无到有，从 0 到 1，即创业的人；

2. 将事业规模从 1 做到 10，即打基础并创造高速增长的人；

3. 从 10 到 11，12……维持已有的规模并继续增长，即推进公司持续发展的人。

在前文中我提到的从零开始创造的人，就属于第一类。

这一类人珍视自己的想法，能够把周围的人吸引进来，自己也能全身心地投入其中去。这种对自己想法的自信，有的时候会成为拼搏的武器，有的时候也会成为阻碍自己前进的障碍。

第二种类型的人会将第一种类型的人打造出来的雏形进行完善并做大。他们拥有的社会关系及经验、与人的交际能力等，都能够在工作中发挥作用。

最后，在企业成长进入停滞期之后，使其维持增长的便是第三种类型的人。比如兢兢业业地在大公司里工作的人就属于这一类。

虽然现在社会上第三类人常常得不到重视，但他们却被要求具备绝妙的平衡感。在大型组织当中着手开展一项新的工作时，需要员工们具备的不是无视周围的高压攻势，而是能够慎重地对周边状况进行调整的同时有计划地去推进工作的能力。

组织一旦发展到一定的规模，在变换发展方向时就需要巨大的能量供给。

有人会因为嫌转型的过程太麻烦而从公司辞职，如果他们是上面的第一种或第二种类型，对自己信心满满，应该也没什么问题。

不过，我会默默地为留下来战斗的第三类人呐喊助威。

“在创新之外，我能做的工作是什么呢？”

社会上对于搞创新的第一类人有些赞誉过了头。

那些自己创业或是搞创作发明的人往往会对其他人说：“把你的点子拿出来看看！”这种做法跟我一直持否定态度的“努力论”比较形似。

说相声搭对儿的两个人要是都喜欢琢磨相声的素材，那么他们肯定会有意见冲突的时候。一个人专管内容创作，另一个人毫无怨言地跟着对方一起干，这样组合起来才会发展顺利。

如果自己不是搞创新的料，那便痛痛快快地放弃走这条路也没什么不好。就像我在前面章节里说过的那样，公司里也有负责融洽气氛的岗位。

世上不止一条路，人人都有属于自己的路可以走。我们应该要看清这一点。

变枯燥为有趣

听了刚才我对第三种类型的描述，大家感觉怎么样？

大概觉得“没意思”的人也挺多吧。对这么想的人，我有一个建议，那就是尝试一下“反复失败、不断摸索”的做法。

就算是服务行业，要是每天都懒懒散散地应付工作，也没什么意思。

“今天我来问问客人叫什么名字。”

“以后跟客人道谢时，我要看着客人的眼睛说话。”

像这样先确定一个主题，然后实际地试着做做看。

而且，在做了之后，还要确认一下自己的感受。

询问客人的姓名也许能让你拿到更多的订单，说话时看对方的眼睛搞不好会使对方产生压力。凡事不试一下就不知道会怎么样。

在大脑中进行模拟练习的关键在于，你是否能够有条理地去检视自身的言行。通过这种操作，日常枯燥的工作也能变身为一场有趣的游戏。

“今天我来试着干点儿什么呢？”

顺便提一句，虽说我非常喜欢玩游戏，不过我只喜欢有很多需要计算和记忆能力的那一类。对于光靠掷色子来碰运气的游戏，或是只要求瞬间爆发力的动作游戏，我并不感兴趣。

学生打工做兼职也是同样。那些跟人打交道的工作，可谓是最大规模的一场游戏。也许没有什么比“调兵遣将”这种事儿更适合“反复失败、不断摸索”这句话了。

斯坦福大学的法学教授劳伦斯·莱斯格先生曾经说过，决定人类行为的因素有以下四个：

1. 道德
2. 法律
3. 市场
4. 架构

以想让家里的某位成员戒酒为例来分析一下。

首先，要给他植入在饮酒这件事情上的负罪感。这一点会对家庭环境产生影响。我会在本章的后半部分深入地探讨一下这种道德观。

其次，制定不能饮酒的制度，一旦违反将予以严惩。这一点需要身边其他人一起监督和配合。

再次，提高酒类价格，让人买不起酒。具体来说，减少个人可支配的零花钱额度，会让人比较容易戒掉买酒喝的习惯。

最后，建立起喝不了酒的社会架构。比方说，将交通手段从坐电车改成自己开车上下班，那么下班后先喝酒了再回家这种事儿就干不成了。

试着将这四个工具应用起来，“反复失败、不断摸索”这件事情就会比较容易去做了吧。

助人成功也不错

在 Niconico 动画网站工作的时候，我的职责属于第二种类型。

以有突出才能的人为中心去制作网站的内容，能够使产业整体活跃起来。

对于像新海诚先生那样具备突出才能的人，最理想的状态就是有人表示认可，安排专人负责跟进制作，并且能拿到投资。

为了让一个人的才能开花结果，周围的人能做的事情有哪些呢?

那些搞创作的人大多都是既优秀又有些狂妄。比起能挣多少钱，能不能和性情相投的员工一起工作对他们更为重要。

假设他们想要招募的员工自身能力并不优秀，对此，公司是否能够接纳？

前面所述的“让自己看起来像个好人”在这里就会发挥作用。

所谓一个人“能弄出一些有趣的东西”，跟说“这个人与别人不一样”其实是同一个意思。

虽然会存在程度上的差别，不过天才身上都带着些“疯子”般的狂人气质。

周围的人们能否对天才们疯狂的想法给予支持？能否提供让天才们觉得身心舒畅的工作环境？能否相信天才们的奇思异想并去付诸实施？

这些问题虽然从外部很难看明白，但对组织内部来说，却是至关重要的因素。

其中之一就是经纪人要把精力都集中在工作上。

要将能够针对天才具备的才能提出“你应该用这种方式向社会进行展示”之类建议的人安排在天才的

身边做他们的经纪人。

举个例子，一手发掘了国民漫画家鸟山明先生的才能，曾经担任青少年周刊漫画杂志《JUMP》总编辑的鸟岛和彦先生，就是一名非常优秀的经纪人。

他不仅让《龙珠》和《阿拉蕾》等作品获得了成功，而且还有比这更厉害的成绩。

他邀请当时在“JUMP 读者来信专栏”供职的堀井雄二先生和鸟山明先生一起写故事，通过将作家组队的方式，集体创作出了《勇者斗恶龙》这一款电子角色扮演游戏[1]。

工作人员被分为创作故事内容的人、将故事用图画的形式表现出来的人……通过分工制度来推进工作，跟皮克斯动画工作室[2]的做法非常相像。

不过，这种做法也有一个缺点。

因为在制作过程中容易产生“要弄一些现在的人当前想看的东西”的短期营销的念头，所以就算创作出了火爆作品，也容易成为廉价消费的对象。

---

❶ 是一种玩家操控虚构世界中主角活动的电子游戏类型。——译者注

❷ 是美国一家专门制作电脑动画的公司，对动画电影的发展影响深远。——译者注

也有可能三年后就没人再关注这个作品了。有些作品从内容上来说非常好，但能不能将其制作成动画，就又是另外一回事儿了。

另外，有一个跟漫画《海贼王》相关的故事。

杂志社安排了一名编辑专门负责跟《海贼王》的作者尾田荣一郎先生联系。

据说这名编辑随身带着一部只存有尾田先生号码的手机，不管他在做什么，哪怕是在睡觉，只要是尾田先生打过来就一定会接。

而这一切并不是尾田先生要求他这样做的。

不过，作为一名工薪族的编辑，他被公司安排了这样一份超级重要的工作。

万一哪天尾田先生使性子，提出“要把漫画登载在其他杂志上”，那对公司来说损失可就太大了。

当时的情形在电视节目里被提到，那位编辑在节目中很果断地说道：“就算是在录节目我也不会关手机。如果现在尾田先生打电话过来，我会毫不迟疑地接电话。”

“你的身边是否有你想要支持的人？”

选择在顶尖的创造者身边支持他们的工作，这也是一种工作的方式。

这并不局限于仅仅为那些超级有名的人服务。在你所在的行业、在你的公司里，只要有你觉得想要支持的人，哪怕只有一位便已足够。而且，不是在让对方对你满意上下功夫，而是要往能更好地发挥对方才能的方向去考虑，看看你在这方面能做些什么。

从写作业看你的类型

在前文中我谈了有关工作类型的内容。接下来我还有一个便于自我分析的方法推荐给大家。

那就是上小学的时候你是如何对待暑假作业的。

小时候，谁都不得不面对做暑假作业的任务吧。通过你对付暑假作业的方式，就能够区分出你是属于哪种类型的人。

1. 尽早把作业做完，或是每天都认认真真做作业的类型。

2. 在自己动手制作或者画画的作业上花费工夫的类型。

3. 眼看暑假快结束，才急急忙忙赶着做作业的类型。

以上这样三种类型，只要找准类型，对适合自己的地方进行集中磨炼，就能让自己成为出类拔萃的人。

让我们按顺序来看一看。

首先来看第一类。这一类人乍看起来就是个普通人，不过凡事都有计划是他们具备的一种优秀的才能。

这一类人很适合搞学习，往知识储备型的方向努力就好。

虽然光学习知识听起来有些理论脱离实际的嫌疑，不过只要和经验相结合，就能形成自己独有的对事情的看法。我希望第一类人能朝着这个方向去努力。

再来看第二类人。他们是把时间花在即便花再多时间也搞不出什么大名堂的事情上的人。

比起作业让老师满意，他们更看重的是自己内心觉得可以接受。也许这种人不太喜欢和人打交道，不过一个人一声不吭地专注做事情也是一种才能。

我希望第二类人能致力于去做一些不能立刻就得到社会认可的事情。当作本职工作来做也好，当副业也行，或者就当作是个兴趣爱好也无所谓。

最后来看第三类。我就属于这一类人。

第三类人具有对付突发事件的能力，他们一边说着“完了，完了”，一边心里却像是过节一般地享受着这种兴奋感。这也是一种才能。

风险管理或者人际交往的工作都适合第三类人去做。记得要磨炼这方面的能力。

那么，你是属于哪一类呢？

“我小时候是怎么做暑假作业的呢？”

让我们来回忆一下当年的情形。

如果自己明明是第一种类型，却被要求去做处理客户投诉这种属于第三种类型领域的工作，也许早晚有一天你会累出心病来。

一个人成年以后再去试图改变自己的类型，需要付出相当大的能量。因为这就好比是要去改变自己的性格一样。

明确地做出“我不做这种工作”的判断，决定自己的生活方式，是非常正确的策略。

因为所有的工作都是一个“岗位”，弄清楚自己的定位才更为重要。

将这里谈到的三种类型跟前面提到的工作的三种类型结合起来看一看，也会让你对自己适合什么、不适合什么有一个更清楚的了解。我希望你们一定要试着去思考一下。

从零开始打造自己的工作业绩

要想画出自己在工作中的个人成长曲线，首先设定的目标就是要“创造出第一份业绩”。

在第四章我谈到了有关“定位”的话题，在工作中你是否能站在给予别人评价和建议的位置上，跟你自己有没有拿得出手的实际业绩有相当大的关系。

虽然这么说很残酷，但这就是现实。

拿我来说，为了打造自己的第一份工作业绩，我把重心放在了“有理有据地说服对方”上。

我以前花了相当多的时间在游戏和电影上，因此对于谈论娱乐产品的趣味性，我对自己有信心。

差不多所有的网络服务都具备“娱乐”的要素。因为已经完全公式化的东西很少，所以总能从中找到让人觉得有意思的部分。

我的脑子里存着过去看过的很多网站的信息，在做陈述时我把它们以例子的形式拿来当论据。

我只能去不断地增加自己大脑中的信息量。

它们就如同是我这个人的“背景”一样。

当 2ch 网站还没什么名气的时候，虽然会有一些大同小异的工作找上门来，但实际做成的并不多。

NEC 公司以前运营 BIGLOBE[1] 网站时，他们想在 FIFA 世界杯期间搞网站的宣传活动，为这事儿曾经咨询过我的意见。

我认为就算是世界杯这样的大型活动，网络用户的行为也无外乎就是“一边看电视直播，一边絮絮叨叨地发表自己的意见”。

“在 BIGLOBE 网站上开一个世界杯的论坛，网页点击量肯定会上升哦！”

---

❶ 由 NEC 公司创立运营的日本综合搜索门户网站。——译者注

我给他们提了这样的建议，他们却没太理解我说的话。

这之后，等世界杯一开赛，果然不出所料，2ch 的网站登录用户数量一下子增长到了服务器数次崩溃的程度。

如果当初 BIGLOBE 的人采纳我的建议，制作专门的网页去搞宣传的话，他们肯定会获得大量的网络用户。这下好了，看他们不听我的建议吧。

就算说得再有道理，要是没有人能听进去，那说了也没什么用。

这件事情也反过来说明，但凡你有一个让人看得见的实际业绩，都会成为对你有利的条件。

“我现在已经有能拿得出手的业绩了吗？”

用这个问题来问问我们自己。我在最开始做提案的时候，也是提一个就被否决一个，屡屡被拒的事情经历了无数次。对这段历史我不会隐瞒。

为何我不隐瞒这段历史，是因为我并不是咬着牙忍着痛地在干工作。我是先有了对工作的好奇心，抱着要把所有的管理模式都接触一遍的目的面对自己的工作。

慢慢地，我从中明白了一点，那就是跟让现场的工作变得轻松相比，经营管理者们更看中的是轻轻松松就能赚到钱的方法。

工作中什么地方出了问题？该往什么地方去集中精力？

自己是否能够享受寻找解决问题的关键点的过程？

就像做电话营销工作的人那样，一边将客户进行归类，一边在头脑中建立起“我若这样问，对方就会这样答”的营销模式。

在完成所有的摸索过程的时候，因为我已经取得了 2ch 网站这个实际的业绩。有那么一个瞬间，我竟然找到了人生尽在掌握的感觉。虽然之前干事业一会儿上一会儿下，不过这一瞬间的感受真的就像是坐直达电梯一下子到了最高层。

正如前面讲述的抢凳子的游戏一样，成功并不是循序渐进地出现的，而是最终取得的结果。

关注对方的追求比挣钱更重要

在我至今见过的管理经营者当中，还几乎没有谁对轻轻松松就能赚钱的事儿持否定意见。

我通常会抓住这一点去跟他们谈工作。

如果项目缺钱，那就说服能出钱来的人来投资。如果没有优秀的工程师，那就找到优秀的人来做开发。如果人力成本太高，那就把工作转移到海外去做。

这曾经是我认为的最有效率的做法。

不过，有一次我跟一位美国的经营管理者谈话的时候受到了很大的震动。

“我们并不缺钱。为什么要做这件事儿呢？这样做有什么意义呢？”

他向我提出了这些问题。

话都说到了这一步，在我的记忆里，我们最终也没能谈到一起去。

和那些在赚钱之外有更高追求的人寻求合作时，就只能看互相之间是否有“缘分”了。彼此之间的感觉或者价值观是否一致，就跟男女之间谈婚论嫁是一回事儿。

这样即使最终生意没成功，也没什么懊恼的必要。

“对方做事业追求的是什么呢？”

让我们专注于与对方统一目标上。

人的大脑，在某种程度上都具备将事物模式化并加以记忆的机制。

这只能靠人去慢慢地积累经验。

在跟对方统一目标以后，如果还是被对方认为“没有实际业绩而不予合作”，那就只好老老实实地作罢。在日本寻求合作时就是这么个判断方式，不行就放弃。

有一种叫作“Lisk”的虚拟货币。

我曾经跟它的创始人有过一次商务上的谈话。

那位创始人说开发“ Lisk”的目的在于让大家使用这种虚拟货币以使生活更加便利，并没有想要“提高销售额”这样的想法。

仅仅考虑该怎样做才能使自己的商品变得好用，该怎样做才能使其他的服务性产品也加入进来，这种不包含“赚钱”理念的商业模式，对我来说是既新鲜又有趣。

我想今后做一做这种工作，把它当作自己的新的人生体验。

把钱花在不能预测的事情上

只要你能做出一次大的业绩，你就进入了一个新的境界。在那个领域里你能享受到常规模式以外的乐趣。这样一来，人生会变得非常有趣。

试着回顾一下刚刚过去的这个星期，自己是否经历了什么“不同以往的事情”呢？

生孩子、换工作之类的大事儿并不会经常发生。

所以，类似“认识了新的人”“吃了没吃过的东西”“了解了一个新知识”这样的琐碎小事也行。你是否能举出一个例子来呢？

如果你不能张口就说出来，说明你的人生有可能过得不太尽兴。

正如我在前文中写到的那样，“空出自己的一只手来”或是“找一找自己和其他人的不同之处”，这些建议大概会对你有所帮助。

我给自己定了一个下面这样的规矩。

那就是“只把钱花在不能预测的事情上”。

有没见过的辣椒就吃吃看，有没见过的饮料就喝喝看。或者，在跟别人的谈话当中如果碰上自己没听过的关键词，那就了解个究竟。

“我这一星期有没有经历什么新鲜事儿？”

请一定回想一下。

我偶尔会在 YouTube 网站上做直播节目。

做直播的时候我经常被问到的一个问题是：“为什么你什么都知道呢？”

其实我并不是什么知识渊博的人。我只不过是在跟大家说一些我知道的事情罢了。

不过，能够被社会上的人认为我是个万事通，这也许说明了我自然而然地在做的事情跟普通人还是有区别吧。

这正是“只把钱花在不能预测的事情上”的意义所在，要让自己养成一种“把不明白的事情一个个弄明白”的习惯。

如果你总是在同一个地方、吃着同一种食物、干着同一种工作、只跟固定的人打交道，那么你跟人说话的时候没啥可聊的内容也就不足为怪了。

一旦生活或工作成为固定模式，那我们就继续往前走，去能以其他的模式领略个中滋味的地方看一看。让我们去体验一些自己预测不了的事情。

通过这种方式，工作也好，人生也罢，多多少少你都能投入进去并从中感受到快乐。

了解你的能与不能

在本章里，我主要谈了工作的类型以及如何去享受从常规模式中摆脱出来的乐趣。

最后让我们对自己的道德观进行一下自我剖析。

因为在确认这一点之后，我将在最后一章谈谈我是否具有成为“不干活儿的蚂蚁”的素质。

社会上的工作并不是用类型的好坏来区分的。只不过是有能将工作和自身的类型匹配的人，以及干着不适合自己的工作的人。

“干活儿的蚂蚁”按照“干活儿的”的方式去生活是正确的做法。而“不干活儿的蚂蚁”，以“不干活儿”的方式活着也没有错。

我来讲一个能将二者区分开来的、有关二者之间决定性差异的故事。

在法国住下来以后，我发现法国的公共厕所非常少，而且一些商店也不太愿意把洗手间借给外人用。当然他们会允许店里的客人使用，但不是店里的客人就够呛用得上。要说为什么会出现这种情况，据说是因为很多人上了洗手间就顺手把卫生纸拿走。

在日本，公共厕所和店里的卫生间都是基于“谁都不会偷走卫生纸”这样一个道德判断来进行设计的。

虽然只会有一部分人偷卫生纸，不过一旦所有人都开始这样干，公共厕所就存在不下去了。我认为在世界范围内，人们的这种道德意识正在逐步缺失。

迟早都会走到这一步吧。

经济形势一旦变得严峻，人就不得不要些小手段去过日子。

鳗鱼和金枪鱼濒临灭绝，但人们看待吃鳗鱼和金枪鱼的态度跟上面的故事颇为相似。

处在世风日下的社会当中，人们会产生这样的心理，觉得“我一个人吃，应该也不会有什么大的影响吧”。

因此鳗鱼和金枪鱼的灭绝是不可逆转的趋势。

我上大学的时候，因为手里实在没钱，曾经把大学卫生间的卫生纸拿回自己家里用。当然我现在是不会这么干了。不过若是生活到了经济拮据的地步，我觉得自己也不是完全没可能不再这么做。

你会有这样的想法吗？

并不是说要有这个想法比较好，事实上没有这个想法才是最好不过。

只不过我切身感觉到日本人的生活也渐渐地不再宽绰。对于那些日子过得紧巴巴的人，我想提供一些如何生存的建议。

开场白说了这么一大堆，这里我要提一个问题。

假设你走在路上，实在忍不住想要上厕所。

这时候你路过一家便利店。

在借用了便利店的洗手间以后，你心里会不会冒出“我得买点儿什么才好”的念头呢？

像口香糖或是茶之类的东西，花一百日元左右就能买到，拿在手上也不碍事儿，你会买吗？

还是会满不在乎地离开便利店？

你在这种情况下所采取的行动会反映出你的内心境界，也就是在你身上的个人主义是怎样的程度。

“我是会想要对他人的帮助给予回报的人吗？”

这一点也受到教育及生活环境的影响。

受过良好教育的人，或是生活富足的人，会比较容易自然而然地产生“回报”的意识。

而像我这样看着贫民区的光景长大的人，就会比较欠缺这种意识。

因此，在读者们对自己的个人主义的程度有所了解的基础上，最后一章我用我自己的故事来给本书做个结尾。

说起来有些讽刺，虽说你借用了店里的洗手间，但你买不买店里的商品，对于便利店的店员来说其实都无所谓。甚至可以说，你不买东西反倒会让店员收银的工作轻松一些。纠结买不买，只不过是关乎你自己的个人感受罢了。

用我这种思考问题的方法去看待经营管理层，会强烈地感受到不同类型的人之间的差异。

作为经营管理层，自然是站在经营便利店的角度去考虑问题。那么，他会认为一个人进店里用了洗手间，如果这个人不买点儿什么商品，就没办法跟店里的营业额挂上钩。

在这一点上，他没办法去理解作为店员的“就想混日子的学生临时工”的心情。

做管理层的人原本都是些大忙人。

即便是IT企业的管理人员，他们也会有搞不懂那些所谓的“网络闲人”的心情的时候。“闲人”们长时间泡在网上浏览网页，或是在网上折腾着干点儿什么事情。

我想，让这些搞不懂网民心思的经营管理层手握做决断的权限，他们应该选不出什么让网民们开心的活动企划吧。

就算从工作的第一线有好的企划案提交上来，也很有可能没办法使其作为一种服务产品问世。因此，随着企业规模不断壮大，经营管理层一旦产生变动，公司提供的服务产品也会慢慢地变得索然无趣。

在本章里，我通过“类型”来主要谈论了有关自我分析的内容。对自己有一个清楚的认识，才能去设定一个对自己足够宽容的人生。

对自己宽容的人生比任何事情都更让人觉得快乐。

因为宽容才会尝到甜的滋味啊。

明白了自己的能与不能，也便明白了当下自己该为今后做些什么准备。

“能明天做的事情，今天就不要做。”

把没做的作业扔在一边去玩游戏时产生的干坏事儿的心理，会让人产生某种神魂颠倒的感觉。这是我想在本章当中传递给读者们的感受。

不过，你是否能享受得了这份“干坏事儿”的喜悦呢？这取决于你是什么类型的人。

你怎么样？有这种偷懒的才能吗？抑或是你的道德观不允许你这样做？

你当得了“不干活儿的蚂蚁”吗？

心法七 |

让我们来当不干活儿的蚂蚁

——谈谈接下来的人生

2020 年。现在，我住在法国的巴黎。

打打游戏，看看电影，随心所欲地去自己喜欢的地方。我把自己擅长的事情发展成事业，松松散散地运营着公司的业务，碰到感兴趣的生意或是有意思的人，就投资看一看。我就这样过着自由自在的生活。

在这个世界上，也有很多“偷不了懒的人”。就好比在海里一刻不停地游来游去的金枪鱼一样，他们是一停下来就会死翘翘的那种类型。

因此，会偷懒也许也算是一种才能。

据说观察蚂蚁的时候，乍一看会看到有在偷懒的“不干活儿的蚂蚁”。

它们吃着“干活儿的蚂蚁”搬运来的食物，住在“干活儿的蚂蚁”打扫干净的蚁巢里，无所事事地散着步。

“不干活儿的蚂蚁”在四处溜达的时候，会偶尔碰上意想不到的巨无霸美食。它们回到蚁巢里，把发现美食的事儿告知同伴们，“干活儿的蚂蚁”就会去把食物运回来。

那么，你想成为哪一类的“蚂蚁”呢？你是否有偷懒的才能呢？

针对在考虑这一问题的读者，让我以“建议你当不干活儿的蚂蚁”来给本章画上句号。

可以懒懒散散，但要全心投入

对“不干活儿的蚂蚁”来说，有两个必要的基本素质。

那就是“对慢慢悠悠地过日子不感到愧疚”和“对自己感兴趣的事情能全心投入”。这其实也是有关**“接下来的人生”**的话题。

慢慢悠悠地过日子，是一个非常重要的因素。

究其原因，跟社会大环境也有关系。

人们都深信，只要活在这个世界上，人和社会都会逐步成长。

不管是谁，都会被灌输一些“人生定会步步高升”之类的具有“偏见”的思想。

姑且认为上一代人很难摆脱这种有偏见的思想是没办法的事。不过我感觉对于25岁以下的人来说，这种认识已经逐步减少了。

恐怕是因为他们发现工作几年之后，工资并没有什么增长，看看公司前辈们的工资，也就对自己未来的人生猜出个大概了吧。

懒懒散散的日子就这样日复一日。

照这个前提活着，那么即便是努力得不到回报也能继续活下去。

在考虑商务活动的时候，现如今我们已经必须得去关注美国和中国企业的具体动向了。

因为这两个国家都有传统企业被新兴企业取代的趋势，所以他们会去选择一些有可能幸存的行业和职业种类，哪怕只有一线生机。

我们必须得摸索出这两个国家不会来跟我们竞争

的业务部分。

拿日本的“碳酸气泡酒”来说，这是一种在世界市场没有存在意义的商品。

碳酸气泡酒是由于日本独有的酒税标准而被生产出来的。因为酒当中所含的麦芽比重下降，酒税就会变得便宜。

所以这就是一种在酒税制度下被催生出来的难喝的酒。

它面向的是日本国内的市场，跟“为世界酿制出最美味的啤酒”这个标准扯不上任何关系。

在日本市场上，碳酸气泡酒和第三类啤酒[1]的成功带来的好处是非常巨大的。

即便对海外市场概不知晓，这也是一条在日本文化圈内，通过捕捉商品的细微差别来发挥市场营销以维持运营的一条道路。靠这种方法再运营个三四十年，也没问题吧。

对“不干活儿的蚂蚁”来说，还有另外一个必要

---

❶ 一种完全不使用麦芽，以豆类来作为生产原料的廉价啤酒。——译者注

的要素，就是“对自己感兴趣的事情能全心投入”。

有人会觉得收集信息是件麻烦事儿。确实，在没有因特网之前是很麻烦。不过，现如今用电脑或智能手机在网上搜索信息的成本已经几乎为零。

作为我自身所做的“1%的努力”，我对自己想要知道的事情都会彻头彻尾地去了解个究竟。

比如说有关制度的问题。

你有没有在利用“家乡捐赠税[1]”这项制度呢?

因为反正得纳税，交了税之后能领回一些东西总是更好吧。“家乡捐赠税”的制度本身，就没有让人不去利用它的理由。不过即便如此，还是有人会以“感觉利用起来比较麻烦”为由而不去调查相关的信息。我想这种做法是非常不好的一种行为模式。

在申请利用“家乡捐赠税”制度之后，我收到了我对口捐赠的地区回馈的10公斤左右的大米，结果吃不完剩下了好多。

之所以这么说，是因为我是在清楚自己会得好处的前提下试着进行的操作，结果收到的大米的数量还是超乎了我的预料。

---

[1] 日本的一种有关捐赠的缴税制度。——译者注

另外，我曾经问过想要“靠投资来赌一把”的人是否有利用“iDeCo[1] 和 NISA[2]”，结果他们总有人说没有。

比之更甚的是，有的人连这两个制度的存在都不知道。

国家特意设立了这些允许个人从税收中受益的制度，因此我们完全没有理由不对其加以利用。

只要稍做调查，谁都会明白利用 NISA 或是 iDeCo 是划算的。若是连这点儿信息都不会查的话，那还是不要搞什么投资才好。

“我有没有在不遗余力地搜集信息呢？”

单单因为不知道某个信息而让自己蒙受损失，是一件非常可惜的事儿。

顺便提一下，NISA 的税收优惠最大额度是每次 120 万日元，每年可以用 5 次。所以不管三七二十一，先从自己的存款里拿出 600 万日元都投到 NISA 的金

---

❶ 日本的一种个人投资型年金制度。——译者注

❷ 日本对个体投资人的税收优待制度。——译者注

融产品里去就好。

一般来说，国家要对投资赚到的利润征收 20% 左右的税。不过投资 NISA 赚到的钱却不用缴税，是对个人投资者非常优惠的税收制度。

另外，我还曾经在网上搜寻过“如何买到又便宜又好吃的肉的方法”。

我很喜欢《牛排革命》这部电影，照电影中的说法，世界上最好吃的牛排来自西班牙的“加利西亚牛”。

日本的松阪牛虽然以美味而闻名，不过松阪牛是用人工饲料喂养的。

因此，投资银行的金主们就“盗来”松阪牛的精子，使其与其他牛繁殖后代，再让带有松阪牛血统的牛在西班牙吃着牧草长大。

正常来说，虽然是尚未长大的小牛的肉质柔软，不过论及味道，还是长到一定年头的牛的肉吃起来更有滋味。那些在安安静静的环境里生活了十多年的加利西亚牛，它们的肉质会更为紧实、美味可口。

不过，据我调查在日本还没有能吃到加利西亚牛的餐厅。日本对进口牛肉的规定是，除一部分国家之外，从海外进口的牛肉必须是出生两年之内的牛。

当需要进口这项规定之外的牛肉时，如果是在遵循日本检疫机构规定的屠宰场里进行宰杀，则会在牛肉上贴上质检证书。不过，因为在西班牙牧场里蓄养的牛数量很少，也就没有必要为了把牛肉卖到日本而花费九牛二虎之力去接受日本的检疫认证。

在巴黎通过网络购物就能买到这种牛肉。100 克差不多 400 日元。世界上最好吃的牛肉，只用花这点儿钱就能享受到。

对自己感兴趣的东西，就去彻彻底底地做调查。

然后，去探查能让自己信服的关键所在。

不是“因为是工作才去查”或者“没法子所以只好查一查”，而是要把“因为自己想了解清楚”作为做调查的出发点，这一点非常重要。让我们都来做会享受调查过程的人。

别当为肉店加油助威的猪

一个人要想活成凡事以自己为中心的“不干活儿

的蚂蚁”，太懂事儿可不行。

大多数的日本人都很听话。

我最近很喜欢用“给肉店加油助威的猪”这个比喻。

这句话说的是终有一天逃不掉被宰杀命运的猪们，却还在替卖猪肉的肉店老板们操心生意如何，到最后还是被宰杀了。

也许读者们觉得这样的事情和自己没什么关系，不过这种状况却是到处都能看得到。

付不起加班费的企业、养老金储备资金不足的日本政府等等，都是这句话中说的“肉店”的实例。

那些原本应该站在找对方要钱的立场上的人，却因为自个儿太懂事儿，觉得“哎，大家也都不容易”而选择原谅对方。

然而，这之后受苦的是自己。

大家都心里希望涨工资。不过，却谁也说不出口。

像这样一味地顾及周围的状况，就只会让自己遭殃。

“我有没有变成一头懂事儿的猪呢？”

我希望读者们能试着考虑一下这个问题。

社会上用明确的数值来反映个人实力的工作并不那么多。

打个比方，假设你是某家连锁快餐厅的店员。

因为厌倦工作，所以你想干些不费气力的活儿，不过你并不想因此被辞退。

这种情况下能采取的策略，便是和其他的店员搞好人际关系，建立起“若是店里把这人辞了，那我也不在这儿干了”的同盟。

虽然你没干什么大不了的活儿，不过也并非完全没干活儿。因此，也就到不了被公司裁员的地步。

这便是你给自己找到的定位。

有一位有名的外国明星说自己坐出租车的时候会讨价还价。

虽然人们会对“出租车费还能还价”产生疑问，不过事实上是可以的。

据说这位明星在乘车距离需要花费 1.5 万日元左右的时候，会跟出租车司机交涉：“我只有 1 万日元，你能不能送我一趟？”

在日本，连外国人都能这样去讨价还价，所以日本人没有什么理由做不到。这也是一个佐证“1% 的努力”的好例子吧。

那么，你是否能做到与人交涉或是向人提出请求这类的事情呢？

“我能不能在你这儿借宿一晚？”

如果你有 7 位能收留你的朋友，你能不花一分钱的住宿费就过上一星期。要是你像本书前面曾谈到的“会想要有所回报的人”那样，想着去朋友家时得带点儿什么礼物，那你离成为“不干活儿的蚂蚁”还差得远。

换作是我，我会把别的朋友叫到我借宿的朋友家里来，喊他们“一起聚会喝酒”，让他们把吃的东西和酒送上门来。这样不仅住宿费免了，连吃的喝的也都免费。

也许有人会说：“这种事儿我做不出来。”不过，这就好比招手搭顺风车一样，都会“习惯成自然”。

又或者说，出门时不带钱包和手机，你是否能在外面度过 24 小时呢？

人说到底也是一种动物，就跟狗啊猫啊鸟啊一样，没有在外面单枪匹马就过不下去的道理。在书店里站着看看书，在公园里观赏观赏植物，在野外露宿一夜，肯定就能过上一天。

像这样去试着体验一下流浪汉的生活，能让人的精神变得强大起来。

试过一次以后，你会切实感受到虽然什么都没做，居然也能活得不错。这也是一个让人坚定地、顽强地活下去的诀窍。

只属于你自己的黑盒子

随着年龄的增长，最好要将我们的生活转换成“不工作的模式”。之所以这样其实是有原因的。

人的体力一旦下降，继续做同样的工作就会感到困难。能力方面还是年轻人比较有优势。

如果经验和人脉能随着年龄相应增长，就还不错。不过对于那些十年都没有动过脑子思考的人来说，时间什么都没有留下来。

假设你正在开发在工作一线使用的电脑系统。

这个工作是别人承包下来再转包给你的活儿，只要你把系统程序写得晦涩难懂，而且能对程序进行改动的人只有你自己，那么光靠对这套系统进行日常维护就能保你一直有饭碗。

这正是现在社会上常说的“工作内容的黑盒化[1]”。

通过让自己的工作看起来具有存在的意义，才能够确保自己的位置。

我认为很多企业里面都有这一类没有任何意义的事情在发生。

有一定数量的人会为了让自己能成功地甩开对手、为了让自己能过得幸福而不惜牺牲他人的利益。这是那些缺乏能力的人赖以生存的战略。

即便是自由职业者，也会遇到跟上述比较类似的情况。

假设他们要在电视上参加一个小时左右的个人访谈，能拿到 30 万日元的出场费。不过一旦在电视上把

---

❶ 黑盒化一般指的是不将自己公司开发出来的新技术公布于众，将其作为与外界竞争的秘密武器的做法。此举意在防止业界同行通过缴纳使用专利费而得以使用同样的技术，导致自身竞争力下降。——译者注

自己的“料”都讲出来，那在自己的粉丝后援会上就没有能派上用场的谈资了。

如果光靠在日本各地开讲习会就能维持生计的话，不上电视也许是更好的选择。从单位时间的工作效率和产出上来看，在电视上做一次访谈会赚得多，不过没办法靠这个一直活下去。

“我自己有什么不向外界透露的绝活儿吗?”

在这本书里，我已经讲了很多类似这样的话。虽然我已经写了很多次了，不过我还是要表明我是站在弱者这一边的。

对于那些为了确保自己在职场中的“位置”，而将自己工作的核心内容加以保密的人，我不否定他们的做法。这跟本书开头讲的“住集体公寓的人的故事”有几分类似，人都应该把自己的事情放在最优先的位置上。

巴黎那些“不干活儿”的蚂蚁

话题又回到了开篇提到的住在集体公寓楼里那些

不工作的人身上。

我想跟读到这里、大概对自己考虑问题的前提已经有所改变的读者，谈一谈我现在居住的法国的景象。

在巴黎，流浪汉们都开好车出门去讨生活。

据说他们能从来巴黎观光的游客们那里讨来可观的钱，所以开车到讨钱的地方，挣了钱再开车回家。这种事情再平常不过。

现如今已然是很多人都在说当流浪汉是个好职业了。

对这些流浪汉们仔细观察一下，会发现他们养宠物的概率高得有些奇怪。

我还发现即便是一直待在同一个地方讨钱的流浪汉，身边带着的宠物偶尔也会有变化。宠物都是些小狗、小猫或是小兔子之类，让人一看就心生怜惜之情的小动物，已经长大了的宠物却见不着。

这恐怕也是流浪汉业务的一部分，身边带着可爱的宠物，会更容易从观光客那里讨到钱吧。

大家真的都在想方设法地顽强地活着。

还有一个请木匠上门维修的故事。

我想雇人来家里帮忙安装空调、重刷油漆和修理卷闸门。结果上门服务的是一位自己单干的手艺很棒的木匠。

原本这种维修的活儿，都是由维修公司承接下来再派人来干。不过这种企业越来越少，自己单干的手艺人多了起来。

虽然我只请他修理卷闸门，不过他却还帮我给窗户的窗扇上了润滑油，并留意到房子的一些细微的需要注意的地方。我想，这位木匠大概是专注于手艺的工匠类型的人，不太适合做上班族，不过像他这样单干也能找到活儿干的人总会有办法活下去。

另外，法国人一到夏天就很向往去马赛这个城市。

在马赛城里，有自己家的车可以开自然是最好不过。不过据说谁都不愿意自己把车从巴黎开到马赛去。因为路程太远了。

于是便诞生了一个服务的行当，那些自己没有车却有时间的人只要给自己有车却不愿开车的人支付 1 欧元，就能作为代驾将车从巴黎开到马赛，到了马赛再把车还给车主。

这样一来，没有钱的学生能不花什么钱就去马赛，有钱的人能悠闲自在地坐飞机去马赛，到了当地再要回自己的车。

不光是在法国，在那些有度假文化的国家里，这项服务似乎都很受欢迎。

在法国还有一种和 Airbnb 的形式类似的销售地方特色料理的网站。

这个网站为在巴黎生活的外国人提供平台，拿印度尼西亚人举例，他们会被邀请去法国人的家里做上一桌印度尼西亚料理。

而且整个服务便宜到只需大约五美元。

像这种面向小众需求的服务也开始多了起来，外国人靠提供这种服务挣点儿小钱。

“社会上也有面向小众市场的挣钱之道。”

大街上有的是面向小众市场的挣钱机会。有人就寻找这样的机会，不紧不慢地过着自己的日子。

在巴黎，共享单车服务已逐渐被淘汰，现在流行的是电动踏板车的租赁业务。

也有人用不同寻常的方式在这个行业里挣钱。

他们把用光电的电动踏板车收起来，在家里充好电之后再放回原来的地方。听说这样做能拿到 3 到 5 欧元的酬劳。

经常会看见一些中年大叔大半夜里还在四处收电动踏板车。

按照这种方式，租赁公司不用负责踏板车的日常维护；时间充裕的人在自己方便的时候去把踏板车充好电使得业务运转正常。这是一个非常完美的运作机制。

顺便提一句，这种电动脚踏车能跑出 30 公里左右的时速，但以这个速度行驶在法国是违法的。

然而，在使用这项服务时，将时速保持在 20 公里以下被划归为用户个人应承担的责任。这种针对法律的灰色地带提供的服务，在日本是绝对没办法展开的。

一个充满善意的世界

现在的我明白了一点，就算是在巴黎，这里的人们也和赤羽集体公寓楼的人们一样，日子虽说都过得紧巴巴，不过看起来活得都挺快乐。

从去美国留学开始，迄今为止我已经到过了世界上 53 个国家。

在海外目睹当地人的生活，和当地人聊过天，我依然每次都会是同样的感受。最终我认定了一个结论，那便是“人生不用那么拼命也没什么关系”。

缅甸是一个给我留下了深刻印象的贫穷国家。

在缅甸还在遭受美国经济制裁的时候，我曾经去过那儿。

因为当时在那里还用不了信用卡，只能使用现金，所以观光客也很少。

我来给读者们讲一个我在缅甸早起出门散步时碰到的事情。

在往市场方向走的路上，有一位当地的大叔跟我打起了招呼，他穿着一种叫作“笼基”的传统服饰，看起来像穿着条裙子。

“我介绍你去我熟人的店里吧。”

他对我说了这么一句话。

我马上就联想到我会被他带到某个店里，然后我买东西产生的利润会到这位大叔的腰包里。

就这样我跟着他逛了好几家店，但因为没有碰上我中意的东西，所以什么都没有买。即便如此，那位大叔也并没有特意地非推荐我买什么东西。

而且岂止是没买东西，大叔还在地摊上花了大约一日元，买了一支类似香烟的东西给我。

这之后，因为他提出“去咖啡馆喝杯茶”，所以我想“哦，大概最后我得请他喝杯咖啡吧”。

我们在咖啡店里聊天的时候他告诉我，平日里他在旅游公司上班，今天是他休息的日子。从店里出来的时候，他居然连我喝咖啡的钱也帮我付了。

“你为什么对我这么好啊？”

我这么一问，他便回答道：“因为我希望全世界的客人都来缅甸旅行，来了的人都能觉得我们缅甸是个很好的国家。我这么做都是为了缅甸能变得更好。”

因为有了这番话，我在很多场合都会讲这个故事。我也把它写到现在的这本书里，作为对那位缅甸大叔的回报。

诸如此类的事情，不仅仅只发生在缅甸人身上。

当我在泰国去参观王宫的时候，碰到了一位用日语给我做向导的人。

我问他“为什么做这份工作呢?”，他只回答了一句“我是一名志愿者”就径直离开了。

去米兰旅行的时候，我曾经有过手腕上被人拴上幸运手链的经历。

我刚说“我可绝对不会付钱的啊”，对方便回答道“不用，用不着给钱”。

那个人帮我把手链戴好，然后也仅仅说了一句“为了非洲”就走开。

在菲律宾的便利店里，因为比索和美元的兑换手续很麻烦，结果有陌生人替我买了单；在迪拜，因为坐错了巴士而慌乱失措的时候，有人替我付了坐巴士的钱。

在德国坐火车，我搞错车厢坐到了一等座车厢，被告知“没有票就得交罚款”并被带到了车站站长办公室。不过，他们并没有罚我的款，只是告诫了我几句就放我走了。

不管在世界上的什么地方，当我遇到困难的时候，总是会有好人帮助我。

如果有人找你搭话，那就听听对方要说什么。只是一定要坚决地把“不给对方钱”这条规矩确立下来。

不过话说回来，若是接二连三碰上的都是些不为钱财的善良的人，就连我都会在心里产生负罪感，觉得“怀疑别人搭话的动机还真的是过意不去”呢。

到最后都能一笑了之

写到这儿，这本书也接近了尾声。

不管是书、电影、动画片，还是游戏，毫无疑问都是有一个美好结局的会卖得更好。

不过，就我个人而言，我更喜欢悲剧结尾的作品。

这是因为在悲剧结尾的作品当中，包含着作者“即便作品卖不出去也要把现实讲述出来”的个人意志。他们都是想要表达出一些让大家觉得出乎意外的东西的人。

我觉得看这一类作品会让自己学到更多，收获也更多。

不过，这只是少数人的意见。

所以我在本书的最后，写一写对读者们多少能有一点点帮助的话。

那便是世上的一切事物都能拿来当作自己谈话的“素材”。

就算是升学考试没考好，或是工作迟迟定不下来，又或是事业失败、身无分文，只要你在家里和朋友一边喝酒一边能拿自己开开涮，大家都会对你哈哈大笑。

还有其他的什么人生乐趣能够取而代之呢?

如果感到痛苦难熬，或是境遇艰难的时候，我会这样去想:

“眼前的这一切，日后想起来肯定会是很好笑的往事。”

像这种能讲出来的生活小插曲，你是否有那么几个呢?

“我有没有几个能说出来逗人一乐的糗事儿呢?”

这是思考问题时能派上用场的最终办法。

“我曾经倒过这样的大霉哦!”

我从心里期盼着在你的身边能有这样跟你说话的人。

结束语

18 岁的时候，我没考上大学。复读生这个称号，也只不过是自己为了方便借来一用，本质上就是一个“无业游民”。也就是说，这段生活就好比是脱离了正常的人生轨道。人生中有过这样一段经历，对我来说，意义非比寻常。

“每天都是在放暑假啊！”

我当时就是这么想的。去补习班一看，我也明白了有一种类型的人就是纯粹地热爱学习。我想，我要去跟他们竞争那可真的是太傻了。因为靠努力是没办法赶上那些因为自己喜欢而学习的人的。

演艺人员、运动员、作家等等，都是需要有“天分”的工作。努力战胜不了天分。对于靠天生的平衡感骑自行车的人，你再怎么拼命追也追不上。

在人生当中，主动放弃自己不擅长的领域也是很重要的事情。让我们做好自我分析，弄清自己真正属于什么样的类型。

既有就算被放任不管也会主动干点什么的类型，也有真的什么都不干的类型。前一种人就照那样继续干下去就好；而后者，却只能成为一般消费者。所以，早早地参加工作，牢牢地抓住工作单位不放手就行。也有这样的生存之道。

在我认识的经营管理者当中，有将自己初中毕业的学历拿来作为交流的“武器”的人。虽说当老板的人什么学历都无所谓，不过据他们说“只要告诉对方我是初中毕业，对方就肯定会感兴趣想要问个究竟，用这个方法跟人打交道倒是很方便”。

把一般来说会被认为是短板的地方故意暴露给别人看，这种做法会提高交流的成功率。那些会让人感到自卑的缺点，有时候也能转换为自己独有的王牌。这样做的人正可谓是“1% 的努力”的实践者。

长期以来，我一直做着“网络管理员”的工作，现在我运营着一个叫作“企鹅村”的网络社群，也可以说我就是这个“企鹅村”的村长。

在这个网络社群里，人们讨论一些对电视或漫画的观后感，或是有事找人咨询，又或是说一些傻话，那些原本在实际生活的社区或是邻里之间会干的事儿，现在人们搬到网络上进行。

网络社群的规矩，跟“不能否定对方人格”“不得泄露你掌握的个人信息”之类的规定比较类似。在现如今的网络世界里，比如推特和雅虎论坛等等，充斥着很多这样的人，他们动辄拿对方“没有教养”“引起了社会骚动”“让人心里不痛快”等理由，对并没有谁受到实际伤害的事情大肆叫嚣要宣扬正义。而“企鹅村”，是站在这种人思想的对立面的。

企鹅村的目的并不是要建成一个高端的网络沙龙，而是让社群里的人们快快乐乐度过每一天。为了能够快乐地生活，相互交流就非常重要。不过，在现在的社会当中，邻里之间轻轻松松地友好相处都是件难事儿。

基于这些想法，我开始实验性地运营企鹅村。

用“只有自己有的东西”“其他人没有想过的事情”这些作为武器来提高自己获胜的概率，在打胜仗的时候会格外的心情畅快。该在什么“岗位”上发挥出自己的才能和作用，才能使人生变得轻松起来呢？只要你经常去思考这个问题，那么你的人生就会过得更顺遂，感受到纯粹的快乐。

对你来说，“1% 的努力”指的是什么呢？这事儿只能由你自己去做决定。

最后，我要向种冈健先生表示深深的谢意，感谢他继《无敌的思考》《独一无二的工作方式》这两本书之后，又将我这些没什么要领的话汇总起来，编辑成此书。

西村博之

西村博之思维方式大盘点

我将书中所有用粗体字表示的重要的部分在本书的最后进行一下归纳总结。

人在刹那间做出的判断，会对自己之后的人生产生影响。

我希望我写的这些话能成为判断的标准，在你做判断的时候请一定要想起这些话来。

关于前提条件

思维方式 1 “立蛋器这玩意儿，我并不需要啊。”

人生当中，并不是所有的东西对你来说都是必需品；正如专门为了放置鸡蛋的立蛋器，就不是真的缺之不可。让我们只用看清那些能使我们的生活变得更丰富的东西。

思维方式 2 “我跟对方考虑问题的前提应该是不一样的吧?”

当遇到跟自己意见相左的人的时候，直接拒人于千里之外可就太不值得了。试着猜测一下“为什么对方会是这种想法呢”，你会对新的考虑问题的方式抱以更宽容的态度。每个人身上都有我们可学之处。

思维方式 3 “这类人其实自古就存在。”

人绝不能失去想象力。试着开动脑筋想象一下在你出生之前发生的古老的事情。你一定会从中找到亲切的感觉。即便是偏见也会得以消除，就连歧视也有可能会烟消云散。

思维方式 4 “我自己遇到什么情况会感觉形势不妙了呢?”

先试着考虑好自己能接受的生活底线，将“可能最差的境况”设想清楚。我建议读者们尽可能地去看一看实地的状况。旅行、电影、书、网络等等，能用到的方法不计其数。

思维方式 5 “人是守护自己权利的生物。”

干什么都不行的人也是有不行的理由的。我们需要有能够接纳这种人的社会体系，而且靠精神论去给他们加油打气也没什么意义。就算是能力差的人也同样拥有自己的权利。谁知道自己什么时候会不会也变成干什么都不行的人呢。

思维方式 6 “时刻记得要让自己的一只手得空。”

就算机会出现在自己的面前，如果那时候你处在无暇顾及的状态下，机会也会弃你而去。要是两只手抓得满满当当，就没办法着手去做新的事情。第一步便是要学会放手，给自己的日程留出一些空余的时间。

思维方式 7 “我没钱。我该怎么办?”

人一旦想到“花钱解决就行啊”，便不会再继续去思考问题了。对于自己没有的东西，有很多方法都能解决，诸如请邻居们分给自己一些，或是找朋友借来一用，又或是拿其他的东西来替代，等等。那些动辄依赖金钱的力量的人，他们的消费只不过停留在花钱排解寂寞的阶段。

关于优先顺序

思维方式 8 “对自己而言，大石头到底是什么呢？”

如果不一开始就把“大石头”放到罐子里面去，之后就没有能将其放进去的空间了。沙石、细沙和水，都是可以后来再放进去的东西。装罐子的顺序，得由你自己来决定。

思维方式 9 “这个问题是关乎逻辑还是关乎兴趣？”

让我们将一切事物分为两类，即逻辑领域和非逻辑领域。如果你能果断地将后者归为“兴趣范畴”就会非常省事儿。因为如此一来，你就可以不用去跟他人做无谓的争论。

思维方式 10 “这件事情事后能补救吗？”

人很难去判断做什么会白费工夫，做什么又不是。判断的诀窍在于，事后也还能进行弥补的事情，姑且浪费一次机会也无妨。如果以后没办法再去补救，那便是“只能现在去做的事情”了。

思维方式 11 “我正朝着什么样的目标前进呢？”

虽然目标不够具体也未尝不可，不过还是要把前进的大概方向定下来才好。而且也无须考虑自己定下来的方向是否现实。即便是那些乍看起来缺乏斟酌的计划，只要改变实施的方法，就会使你离目标越来越近。

思维方式 12 “社会并不那么复杂，而且出乎意料地运转有序。”

那些以为“社会是个一本正经的组织”的人，他们看待问题的思考方式还太幼稚。在公司、学校、政府的运作当中，都出乎意料地有着很多可以酌情处理的地方。归根到底，任何组织和机构都是和你我一样的“人”在维持运作，没必要对他们提前加以防备。

思维方式 13 “我干的这份工作，高中生应该也干得了吧?”

虽然对自己的工作有自豪感是个人的事儿，不过你干的工作真的有那么高难度吗？若是给兼职打工的学生们一本操作指南，他们是否也就能胜任呢？你难道不想去做一些需要更高水平的工作吗？

思维方式 14 “对自己来说，什么是压力呢?”

任何事情先试着做一次，如果觉得不喜欢再放弃。事先对自己不擅长的事情加以体验，能让你有效地去规避这些事情。不用觉得自己是在“逃避”，把这个行为理解为“让自己多活了几年”就行。自己说服自己也是一种能力。

关于需求和价值

思维方式 15 “我喜欢我自己中意的东西。不需要别的理由，就是因为喜欢！”

对“为什么会喜欢”的回答都是人们事后追加上去的。

理由什么的根本毫无意义。自己喜欢的事情，按自己的心愿去做就行。只不过事先想好被人问起时该如何去做说明，毫无疑问会对自己更有利。

思维方式 16 “自己会因为不能做什么而犯难呢?”

我不建议大家按照自己的喜好去选择工作。因为这样会对社会需求产生错误的理解。那么，什么地方存在着需求呢? 对自己来说“若是这个没了可真不方便”的行业，往往便是社会需求的藏身之处。

思维方式 17 “任何事物只有让自己变得足够强大，才能最终实现共存。”

任何事情若只是干得高不成低不就，势必被周围的事物所碾压。为了避免出现这种情况，关键在于先在数量上造成影响力。比起小心翼翼地踩稳一步再往前挪一步，有时候下定决心一个劲儿地往前冲会更重要。

思维方式 18 “菜刀一点儿错都没有。”

每当新事物登台亮相，肯定会出现问题。在问题发生之际，重要的是提高分辨力，查明到底是“什么地方不好”。若是以“说不清道不明”、模棱两可的理由去打击新事物，那可就太可惜了。

思维方式 19 “只有在被对方打压的时候，才以其人之道去还治其人之身。”

首先，信赖对方会让自己受益，遭到对方恶意攻击的可能性会比较小。不过，若是被对方打压，我们也要立马反击回去。如果你一直相信打压你的人，那真的就要损失一辈子了。

思维方式 20 “谁还没一句自己想说的话呢！”

世上的人们都深信自己才是正确的一方，活得像个社会评论员一般。不管是在电视机前还是在网络上，大家都随心所欲地说着自己想说的话。我们应该把社会是以这种方式运转的当作考虑问题的前提。

关于定位

思维方式 21 “只要有能展现才能的地方，人就会行动起来。”

人并不是因为有了干劲儿才会行动。只有当具备了让人想要去做事情的环境时，人才会行动起来。关键是要有这样的地方。即便是那些看起来一点儿精神都没有的人，只要换个地方就会像换了个人似的活跃起来。

思维方式 22 “能否在工作中找到类似第三方这样的位置?”

如果一个人只了解某一个领域，那么就只有在这个领域里和他人竞争这一条路可走了。如果能知晓两个不同的领域，便能往返于两个领域之间，站在从外部提意见的“第三方”立场。客观的结论，若不从外部进行观察，是没办法得出来的。

思维方式 23 “说真话。如果说错了，事后就好好道歉。”

当别人征询你的意见时，说一些无关痛痒的话起不到任何作用。不如把你心里想的话照实说出来比较好。不过，若是事后发现自己说得不对，跟人好好道歉也非常重要。这个做法跟人与人之间的信赖紧密相连。

思维方式 24 “任何时候都是输出观点的人更有优势。”

在一个群体当中，先发表意见的人会处在更有利的立场上。比起观点正确与否，更重要的是做到抢先发言。而且，与其仅仅说一些理所当然的套话，不如发表一些让周围的人吃惊不已的逆向思维的观点，这样能让你在群体中占据一席之地。

思维方式 25 “让自己具备能在实际工作中派得上用场的辅助技能。”

要想使自己发表的意见有说服力，就得有能够支撑自己观点的技能。让一个从来都没踢过球的人来侃足球，没有谁会愿意听。能够担任相声评审员的，也只能是那些自己说过相声的人。

思维方式 26 “把 1 亿日本人当作一个整体来对待。”

虽然有网络把日本人分成若干个群体这种说法，不过从世界范围来看，日本仍然还是一个比较均质化的社会。在日本，有全社会都熟知的电视明星，而且无论走到哪个地方，都有一模一样的商店和商品。

思维方式 27 “我跟别人不一样的地方是什么呢？”

在大多数人都差不多是同一类型的境况下，和他人稍微有一点差异，就能成为自己的“武器”。那些对自己来说理所当然、说都没必要说的事儿，在他人看来或许就是有趣的地方。

思维方式 28 “遇到有特殊岗位的时候要毛遂自荐。”

如果你感到某件事情是自己从未体验过的，最好就立即上手去做。不要瞻前顾后。因为做成了自然是好，就算没做成也能学到自己不擅长的东西，不管哪种结果你都会有所收益。

关于努力

思维方式 29 “要想取得最终的胜利，应该怎样做才好呢？”

不论过程如何，只要能出成果，都会得到人们的肯定。人们一听到谁是东京大学毕业的，就会认定这人头脑一定聪明。而不管你曾怎样努力地学习，只要没考上大学，便得不到任何人的认可。

思维方式 30 “只要上级做出正确的判断，下属们适当地努努力就能把事儿办好。”

当领导的责任重大。如果一个判断失误，就有可能导致全军覆没。而在基层工作的人们因为干的只是上级委派的工作，所以即便有一个人出错，对全局的影响也不大。

思维方式 31 “不要把努力强加于人。”

让我们扔掉“因为我在努力，所以你也得努力”这种以自我为中心的意识。想努力的人自己努力就好了。当你意识到自己是在努力的时候，就注定了你绝对赢不了那些因为真心喜欢而在做事情的人了。

思维方式32 “在不需要跟人竞争的地方站稳脚跟。”

会努力也是人的一种才能。那些不具备努力精神的人，就得经常去搜索哪些地方能够轻轻松松地干出成果来。这世上一定有着不跟人竞争也行的“好地方”。

思维方式33 问问自己“我看起来像个好人吗？”

你的工作并不只是光把自己分内的事儿处理好。只要人在职场中，就要使周围的氛围变得明快，让人和人的交流变得顺畅。这样的才能不容小觑。

思维方式34 “导致出现这种情况的原因是遗传基因还是环境呢？”

有一些单靠自己的意志什么都实现不了的领域。让我们试着想象一下，导致这种情况的原因有可能是遗传基因，也有可能是受到环境的影响。这样能让你把自己决定放弃的部分和要去努力的部分一分为二地分开进行考虑。

思维方式35 “你敢挑衅自己的职场前辈吗？”

有些人会无条件地迷信权威。这种人没必要勉强自己去发牢骚、抱怨，老老实实地听话地活着会比较幸福。如果你是对事情有看法就敢于直说的人，那么也有一条在职场上打拼的道路可走。你是哪一种类型呢？

关于工作类型

思维方式 36 “在创新之外，我能做的工作是什么呢？”

像创新者那样从零开始去打造新事物是很酷的生存方式。不过，只有创新的社会是不存在的。让我们把目光也放到创新之外的其他工作上去看一看。对创造出来的事物进行不断地改善和维护，同样也是非常出色的能力。

思维方式 37 “今天我来试着干点儿什么呢？”

工作是有趣还是无聊，完全取决于自己在工作上下了多大的工夫。试着去确定一个主题，然后检验一下会出现什么样的结果。只需用这种方法去做工作，工作就能变得像“游戏”一样有趣。人生也同样如此。

思维方式 38 “你的身边是否有你想要支持的人？”

在有才能的人身边做一些辅助工作也是一条可以选择的人生道路。为了让自己支持的人发挥出最好的状态，我能做的事情有哪些呢？如果你是爱管事儿而且还能把事儿管好的类型，那就试着好好磨炼一下这个技能吧。

思维方式 39 “我小时候是怎么做暑假作业的呢？”

你会怎样处理需要在规定的日程内完成的工作任务呢？

从上小学的时候开始，你应该就已经试过很多次了吧。从这一类事情上能看出你处理工作时属于哪种类型，顺着自己的类型去生活，会让你活得更明智。

思维方式 40 “我现在已经有能拿得出手的业绩了吗？”

自己是否有业绩这事儿，靠吹牛是没有用的。如果有能拿得出手的业绩，工作会一下子变得容易得多。在你还没有取得业绩之前，虽然会屡屡碰壁，但除了积累之外也别无他法。任凭你再怎么垂头丧气，工作也不会找上门来。

思维方式 41 “对方做事业追求的是什么呢？”

在谈业务的时候，让我们把关注点放在对方追求的目标之上。除非对方和我们的目标一致，否则业务是很难顺利进行下去的。我们可以通过对方追求的目标去判定他是属于哪种类型的人。

思维方式 42 “我这一星期有没有经历什么新鲜事儿？”

你是否在享受自己的人生呢？看看你自己有没有什么可跟别人聊一聊的“最近发生的事儿”，就能知道你对这个问题的回答。你是不是在周而复始地过着每一天呢？你有没有感受到一些新的刺激呢？试着问一问自己吧。

思维方式 43 “我是会想要对他人的帮助给予回报的人吗?”

当下是个人主义盛行的时代。自己的生活已然忙得焦头烂额，越来越没有精力去顾及其他的事情。不过，即便如此，你是否还坚守着自己的道德观呢? 试着跟自己确认一下。

关于剩下的人生

思维方法 44 “我有没有在不遗余力地搜集信息呢?”

轻轻松松过日子的诀窍在于你是否有彻底调查信息的习惯。并不是要你去装明白，而是你能否把事情调查到让自己想通为止。不在心里把学习当麻烦事儿，人生才会开心快乐。

思维方式 45 “我有没有变成一头懂事儿的猪呢?”

如果遇到明摆着自己事后会受损失的情况，你最好正儿八经地把自己的意见大声说出来。一味地光为对方考虑，最终只会让自己遭殃。猪就应该在被杀掉之前，从屠夫手里逃走才对。

思维方式 46 “我能不能在你这儿借宿一晚?”

你会不会做找人帮忙这种事儿? 手里没钱也能想办法解决住宿和吃饭问题的人，能够过上天不怕地不怕的顽强人生。你何不试着在自己的人生里多交几个什么都能托付的朋友呢?

思维方式 47 “我自己有什么不向外界透露的绝活儿吗?”

社会上弱势群体占大多数。弱者也要守护他们需要守护的东西。没有必要把自己的什么都拿出来给人看。主张自己的权利，对自己赖以生活的经济来源绝不放手。自己的人生得由自己来守护。

思维方式 48 “社会上也有面向小众市场的挣钱之道。”

为了轻轻松松地度过余生，重点是要让自己掌握一个只有你才会的技能。环顾四周看一看。很多能赚到钱的机会，就在我们没想到的不远之处等着呢。

思维方式 49 “我有没有几个能说出来逗人一乐的糗事儿呢?”

有一种能使失败不成为失败的技巧。那便是“说话的技术”。与其说一些拿自己开涮的话惹人怜惜，倒不如被人当作糊涂虫让大家乐一乐。世上的一切事情都是谈话的素材。成功这一件事情并不能代表一切。